ページの中には、次の4種類の「解説」を配置しています。

薄くてやわらかい上質な紙を使っているので、**開いたら閉じにくい書籍に**なっています！

2 レンズ補正を利用する

1 レンズ補正を展開する

P.104手順2の画面で「レンズ補正」にチェックを付け1、▶をクリックして展開します2。

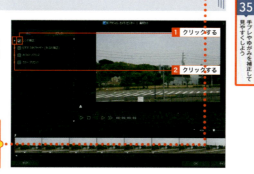

ページ上部には、セクション名とセクション番号を表示しています。

Key Word　レンズ補正
レンズ補正とは、撮影時に使用した広角レンズなどの影響で生じた動画のゆがみや光の量などを直すことを指します。

2 レンズ補正を適用する

プレビューウィンドウを確認しながら、「魚眼歪み」1「周辺光量」2「周辺光量中心点」3をドラッグして調整します（下のMemo参照）。＜OK＞をクリックすると、ビデオクリップにレンズ補正が適用されます。

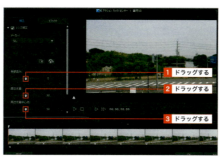

章が探しやすいように、ページの両側に章の見出しを表示しています。

Memo　設定後の補正効果

● **魚眼歪み**
広角レンズで撮影された動画などで、画面の周辺部に生じる丸いゆがみを補正したり、魚眼レンズ風に加工したりすることができます（右図参照）。

● **周辺光量**
周辺光量（レンズ中心部ではなく縁辺部の明るさのこと）の光量における補正レベルを調整します。

● **周辺光量中心点**
光量の補正が適用される範囲を調整します。「周辺光量」が1の値以上でアクティブになります。

読者が抱く小さな疑問を予測して、できるだけ**ていねいに**解説しています。

第1章 動画を撮影しよう

Section 01	YouTube 動画の特徴を知ろう	10
Section 02	投稿する動画のテーマを決めよう	12
Section 03	動画のシナリオを考えよう	14
Section 04	動画撮影に必要なものを揃えよう	16
Section 05	動画撮影の基本を知ろう	18
Section 06	YouTube 動画のテーマ別撮影のポイント	21
Section 07	YouTube 動画ならではの撮影のポイント	24

第2章 動画をパソコンに取り込もう

Section 08	動画の編集に必要な機材を揃えよう	28
Section 09	動画編集の流れを知ろう	30
Section 10	PowerDirector とは	32
Section 11	PowerDirector の体験版をインストールしよう	34
Section 12	PowerDirector の起動と画面構成	36
Section 13	PowerDirector に動画や写真を読み込もう	40
Section 14	読み込んだ動画や写真を確認しよう	44
Section 15	編集する動画をプロジェクトとして保存しよう	46

第3章 動画をカット編集しよう

Section 16	メディアルームとタイムラインについて確認しよう	50
Section 17	動画をタイムラインに配置しよう	52
Section 18	不要な場面をトリミングしよう	54

Section 19	繰り返したい場面をコピーしよう	56
Section 20	切り替え効果を入れたい場面で分割しよう	58
Section 21	場面の再生順を入れ替えよう	60
Section 22	使わない場面を削除しよう	62

第4章 タイトルやテロップを加えよう

Section 23	動画の最初にタイトルを入れよう	64
Section 24	フォントをインストールしよう	68
Section 25	タイトルをデザインしよう	70
Section 26	タイトルを調整しよう	76
Section 27	タイトルをアニメーションさせよう	78
Section 28	テロップや字幕を入れよう	82
Section 29	テロップや字幕を調整しよう	86
Section 30	動画にワイプを入れよう	88
Section 31	動画に静止画を配置しよう	90

第5章 動画をきれいにしよう

Section 32	タイムラインのトラックについて確認しよう	94
Section 33	切り替え効果で動画をきれいにつなげよう	96
Section 34	特殊効果を設定しよう	100
Section 35	手ブレやゆがみを補正して見やすくしよう	104
Section 36	明るさや色を調整して見やすくしよう	106

第6章 BGMやナレーションを加えよう

Section 37	オーディオクリップについて確認しよう	110
Section 38	BGM を追加しよう	112
Section 39	効果音を追加しよう	114
Section 40	オーディオクリップの長さを変えよう	116
Section 41	ナレーションを追加しよう	118
Section 42	音量を場面に合わせて変更しよう	120
Section 43	フェードイン／フェードアウトを設定しよう	124

第7章 YouTubeに投稿しよう

Section 44	YouTube 用の動画を出力しよう	128
Section 45	YouTube のアカウントを取得しよう	130
Section 46	YouTube の画面を確認しよう	132
Section 47	マイチャンネルを作成しよう	134
Section 48	アカウントを認証しよう	138
Section 49	YouTube Studio から動画を投稿しよう	140
Section 50	投稿した動画を確認しよう	144

第8章 YouTube Studioで動画を編集しよう

Section 51	投稿した動画を YouTube Studio で編集しよう	146
Section 52	動画をカット編集しよう	148
Section 53	動画に BGM を追加しよう	150
Section 54	動画にぼかしを設定しよう	152

| Section 55 | 動画に字幕を追加しよう | 154 |

第9章 投稿した動画をもっと見てもらおう

Section 56	マイチャンネルをカスタマイズしよう	156
Section 57	説明文やタグを編集して動画を見つけてもらいやすくしよう	158
Section 58	視聴者の目を惹くサムネイルを設定しよう	160
Section 59	動画の公開設定を変更しよう	162
Section 60	カードを設定して関連性の高い動画を見てもらおう	164
Section 61	終了画面を設定してチャンネル登録を促そう	166
Section 62	評価やコメントの設定をしよう	168
Section 63	投稿した動画を再生リストにまとめて見やすくしよう	170
Section 64	投稿した動画を削除しよう	172

第10章 YouTubeに投稿した動画で稼ごう

Section 65	収益化のしくみを知ろう	174
Section 66	収益を得るまでの流れを知ろう	176
Section 67	設定できる広告の種類を知ろう	178
Section 68	収益化の設定をしよう	180
Section 69	動画ごとに広告を設定しよう	181
Section 70	チャンネルのパフォーマンスを把握しよう	182
Section 71	動画の収益を確認しよう	186

| 付録　PowerDirector の製品版と体験版について | 188 |
| 索引 | 190 |

ご注意：ご購入・ご利用の前に必ずお読みください

● 本書に記載された内容は、情報の提供のみを目的としています。したがって、本書を用いた運用は、必ずお客様自身の責任と判断によって行ってください。これらの情報の運用の結果について、著者および技術評論社、メーカーはいかなる責任も負いません。

● ソフトウェアに関する記述は、特に断りのない限り、2021年11月現在での最新バージョンをもとにしています。ソフトウェアはバージョンアップされる場合があり、本書での説明とは機能内容や画面図などが異なってしまうこともあり得ます。あらかじめご了承ください。

● インターネットの情報については、URLや画面などが変更されている可能性があります。ご注意ください。

● 本書は、以下の環境での動作を確認しています。ご利用時には、一部内容が異なることがあります。あらかじめご了承ください。
パソコンのOS：Windows 10
Webブラウザ ：Google Chrome
ソフト：PowerDirector Essential（バージョン20.0.2220.0）
　　　　PowerDirector 365（バージョン20.0.2204.0）

以上の注意事項をご承諾いただいた上で、本書をご利用願います。これらの注意事項をお読みいただかずに、お問い合わせいただいても、技術評論社は対応しかねます。あらかじめご承知おきください。

■本書に掲載した会社名、プログラム名、システム名などは、米国およびその他の国における登録商標または商標です。本文中では™、©マークは明記していません。

第 1 章

動画を撮影しよう

Section 01　YouTube動画の特徴を知ろう
Section 02　投稿する動画のテーマを決めよう
Section 03　動画のシナリオを考えよう
Section 04　動画撮影に必要なものを揃えよう
Section 05　動画撮影の基本を知ろう
Section 06　YouTube動画のテーマ別撮影のポイント
Section 07　YouTube動画ならではの撮影のポイント

Section ◀▶　第1章：動画を撮影しよう

01 YouTube動画の特徴を知ろう

覚えておきたいキーワード
\# YouTube
\# YouTubeのしくみ
\# 投稿までの流れ

YouTubeは、誰でも気軽に動画を視聴したりアップロードしたりすることができる動画共有サービスです。ここでは、YouTubeのしくみや動画を投稿するまでの流れについてかんたんに解説していきます。

1 YouTube動画のしくみ

YouTubeは、世界中の動画を視聴したり自分で動画をアップロードしたりできる動画共有サービスです。アップロードした動画は、公開状態にあれば自分のページを訪れたどのユーザーでも視聴することができます。ただし、アップロードした動画をたくさんの人に見てもらうためには、人の目に付きやすくする工夫をしなければなりません（詳しくは後述）。まずは、YouTubeのしくみや広告収入についてかんたんに解説していきます。

▶ チャンネル

自身で作成した動画をアップロードしたり管理したりするページのことを「チャンネル」と呼び、ユーザーが任意のチャンネルを登録することを「チャンネル登録」といいます。自身のチャンネルの「チャンネル登録者」には動画をアップロードすると通知が届く機能があり、チャンネル登録者が多いチャンネルはそれだけ見てもらえる機会が増えることになります。

▶ 評価

YouTubeでは動画を視聴したユーザーが、コメントを残したり評価を付けたりすることができる「評価システム」があります。これは、YouTubeに登録しているユーザーならその動画に対して「高評価」か「低評価」のどちらかを評価することができるシステムです。

▶ 広告

YouTubeでは、規定の条件（P.175参照）を満たせばYouTubeパートナープログラムに参加（動画に広告が付けられる）が可能になります。YouTubeパートナープログラムに参加後、YouTubeが規定する収益化ポリシーを遵守することで、動画に広告を付けて収益を得ることができるようになります。

2 YouTubeに動画を投稿するまでの流れ

下記は、実際に動画を作成してYouTubeに動画を投稿するまでの流れになります。それぞれの手順で記載しているセクションを参照しながら進めてください。

▶ ①動画のテーマを決める

撮りたい動画のテーマを決めます（Sec.02～03参照）。

▶ ②テーマに合った撮影機材を用意する

テーマが決まったら、撮影する内容に適切な機材を用意します（Sec.04参照）。

▶ ③撮影する

動画の内容や見てくれる人を意識して撮影をします（Sec.05～07参照）。

▶ ④映像を編集して動画を作成する

撮影した映像を動画編集ソフトで編集し、動画データとして出力します（Sec.08～44参照）。

▶ ⑤YouTubeチャンネルを開設する

動画を投稿するためにGoogleアカウントを作成し、YouTubeチャンネルを開設します（Sec.45～48参照）。

▶ ⑥YouTubeに動画を投稿する

作成したYouTubeチャンネルに動画データを投稿します（Sec.49～50参照）。

> **Memo 広告収入の管理**
>
> YouTubeチャンネルとGoogle AdSenseのアカウントを紐付けすることで、Google AdSense上で広告収入の支払いなどの管理を行えるようになります（Sec.65～71参照）。

Section 02　第1章：動画を撮影しよう

投稿する動画の
テーマを決めよう

覚えておきたいキーワード
動画のテーマ
メリット・デメリット
テーマの決め方

動画を作成するにあたって、まずは取り組む動画のテーマを決めましょう。ここでは、「商品レビュー」「ライフスタイル」「ゲーム実況」「料理」をテーマにする場合のメリットとデメリットを解説します。

1 YouTubeで多く投稿されている動画のテーマ

▶ 商品レビュー動画

商品レビュー動画は、新しく発売された商品や話題の商品を自分で購入し、使用感や機能性などをレビューする動画のことです。商品レビューは使用感を含めて多くの情報を伝えられること、商品名で検索する人をターゲットにできるのでそれなりに再生回数を稼ぎやすいことがメリットです。ただし、動画を作るために商品を用意しないといけないため、ほかのテーマよりもコストがかかる場合があります。

▶ ライフスタイル動画

ライフスタイル動画は、都会での生活や田舎暮らし、アウトドアといった生活スタイルを撮影し動画にしたものです。ライフスタイル動画は「自然な生活スタイル」が撮れればコンテンツとして成立するので、派手な企画に頼らなくても視聴してもらえるのがメリットです。コンセプトにもよりますが、見る人に「こんな生活がしてみたい」と思ってもらえる工夫が視聴者（ファンまたは視聴数）を増やすポイントになります。

📝 Memo テーマの決め方

楽しさ重視なら「自分がやってみたいもの」で選ぶのがよいです。効率重視であれば「これなら自分でもできそう」と思うテーマ、もしくは「必要機材が揃っていてすぐに始められる」テーマを選ぶのもよいでしょう。また、「自身の経験から他人に伝えられる有益な情報や知識がある」テーマなら、それを活かすことでほかの人にはない強みになります。

▶ ゲーム実況動画

ゲーム実況動画は、話題のゲームや新しく発売されたゲームなどを、実況や解説を交えてしゃべりながらプレイする動画のことです。ゲーム実況動画のメリットには、ゲームが好きな人は楽しみながら取り組めること、誰でもやりやすい・参入しやすいことなどが挙げられます。一方、誰でも参入しやすいジャンルだからこそライバルも多く、見てもらえるようになるまでが大変です。また、視聴者の目も厳しくなりがちなため、「ゲームの腕前」「しゃべりの技術」「聞きやすさ」など、ほかのジャンルに比べて求められるスキルも多くなります。

▶ 料理動画

料理動画は、実際に料理を作りながら作り方やレシピなどを解説をする動画です。安全面という観点も含めて食に対する知識が求められますが、誰でも共感しやすい「食」がテーマのため、動画を作りやすいというメリットがあります。視聴者に動画の魅力を伝えるためには、「言葉」と「映像」だけで料理の味を伝える工夫が必要です。

📝 Memo 複数のテーマを扱うときはジャンルごとにチャンネルを分ける

複数のテーマを取り扱う場合、ジャンルごとに分けてチャンネルを作成するのもおすすめです。たとえばYouTuberのHIKAKINさんであれば、商品レビュー動画などを投稿するメインチャンネル「HikakinTV」、ゲーム実況動画などを投稿するサブチャンネル「HikakinGames」があります。チャンネルを複数作成する方法は、P.137で解説しています。

● メインチャンネル「HikakinTV」

● サブチャンネル「HikakinGames」

Section

第1章 : 動画を撮影しよう

03 動画のシナリオを考えよう

覚えておきたいキーワード
導入・展開・結末
テーマ設定
シナリオ・台本

動画を撮る前には、必ずシナリオを考えておきましょう。自分が何をしたいのか、何を撮りたいのかを明確にしておくことで、あとで編集もしやすくなり、最終的に見やすい動画に仕上がっていきます。

1 動画の内容は「導入」「展開」「結末」を意識する

▶ 導入のテーマ設定が何より大事

動画を撮る前に、必ず「導入」「展開」「結末」のシナリオ（台本）を意識して撮影に入りましょう。「導入」というのは、動画のテーマである「今回何をするのか、どこをゴールにするのか」を説明する部分です。「展開」は「ゴールに向かう過程」を見せる部分で、「結末」は「導入と展開に沿ってやってみた結果どうなったか」を見せる部分です。

基本的な動画の構成は「導入」「展開」「結末」で1つのセットになります。これらは一見難しく感じるかもしれませんが、動画の構成でいちばん重要なのは「導入」です。とりあえずここをしっかり考えておけば問題ないでしょう。導入は「今回は～をします」といったゴールの設定、たとえるならば電車でいうところの「レール」になるので、そのレールさえしっかり敷いてしまえば、あとはそのルールに従って走るだけで自然と展開や結末も現れてきます。

●「導入」「展開」「結末」の例

導入
・今回何をするのか
・どこをゴールにするのか

展開
・ゴールに向かう過程

結末
・結果がどうなったか

📝 Memo 1つの動画で伝えるものは1～2つに絞る

慣れないうちは、1つの動画で大きく伝えるもの（導入）は1～2個（できれば1個）に抑えておきましょう。伝えるものが多くなると、結果として何を伝えたいのかがわかりにくくなってしまいます。

2 最後まで見てもらうためのポイント

▶「今何をしているか」を維持させる

動画を最後まで見てもらうためのポイントは、「今何をしているか」がはっきりしている状態を維持し続けることです。なぜなら、「今何をしているか」「今は何の時間なのか」というのがわからないと、人は気持ちよく次の展開まで待つことができない傾向にあるからです。「今から〜します」や「〜をしたいのでその準備をします」というように、自分の言葉やテロップで視聴者に対して目的をはっきりとさせることで、次の展開が明確になり、結果として「最後まで見てもらいやすい動画」になります。

●「今何をしているか」を維持している例（スマートフォンのレビュー動画）

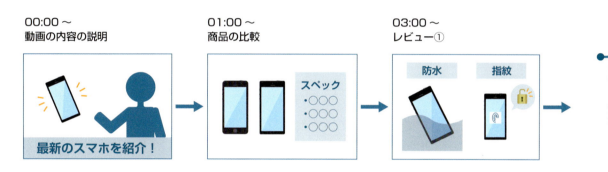

Memo 常に小さい「Want（〜したい）」を見せ続ける

最後まで見られる動画にしたい場合、会話や細かいテクニックは必要なく、1つのポイントを意識しておくことが重要です。そのポイントとは、「自分が（その瞬間に）したいこと」を常に言葉や姿勢で見せ続けることです。「おもしろいものを見せたい」といった具体性に乏しいあやふやなものではなく、そのシーンにおいての自然かつ小さい「Want」が理想です。

大きい「Want」がテーマやゴール設定、小さい「Want」がその瞬間に見せたいものになります。料理でいえば、「こういう料理が作りたい」がテーマまたはゴールであるならば、「手際よく下準備をしているところを見せたい」や「カッコよくフライパンを振りたい」が小さい「Want」です。それらをうまく動画に入れながら料理のレシピやコツを解説するだけで、立派な解説動画になります。もしその「Want」が失敗しても、それはおもしろハプニングになり、動画コンテンツの1つとして成り立つので、成功だけに固執せずに失敗を活用できる柔軟さも持つことが大事です。

Section 04　第1章：動画を撮影しよう

動画撮影に必要なものを揃えよう

覚えておきたいキーワード
撮影用の機材
スマートフォンカメラ
ビデオカメラ

撮りたい動画が決まったら、必要な撮影機材を揃えましょう。撮影したいシーンに合わせて機材を揃えるのが理想ですが、費用をかけずに撮ってみたいのであれば、スマートフォンのカメラだけでも撮影が可能です。

1 撮影用の機材（カメラ）

▶ スマートフォン

普段使用しているスマートフォンに搭載されたカメラを使用すれば、初期費用を抑えて撮影することが可能です。スマートフォンのカメラは比較的標準的な画質を備えていますが、ズームすると画質が低下してしまうことがある点に注意が必要です。最新機種のiPhoneやAndroidであれば、有料の高品質カメラアプリを入れることで、標準のカメラアプリよりも本格的な映像を撮影できるようになります。

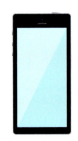

▶ ビデオカメラ

ビデオカメラは片手で撮れることが魅力で、移動しながらの撮影や屋外での撮影に適しています。スマートフォンと同様にオールマイティーに使用できます。手ブレ防止・補正機能や長時間撮影でも威力を発揮します。

▶ ミラーレス一眼カメラ／一眼レフカメラ

一眼カメラは、レンズを交換することでさまざまな撮影シーンに対応が可能になります。広角レンズを使うと狭い室内を広く見せることができますし、望遠レンズは画質を落とさずに遠くにある被写体を拡大して撮影できます。
ミラーレスの一眼カメラは比較的小型で軽量のモデルが多いため、持ち運びがしやすく外での撮影にも向いています。また、背景ボケの映像が撮れるのも魅力です。プロが使用するほどの画質レベルなので、本格的な動画を撮影したい人におすすめです。

● コンパクトデジタルカメラ

レンズ一体型のコンパクトデジタルカメラは、レンズ交換が不要なので初心者でも扱いやすいカメラです。基本的にはスマートフォンのカメラよりも高画質で多くの機能を備えているモデルが多いため、スマートフォンのカメラではちょっと物足りないという人におすすめです。

● アクションカメラ

動きのあるシーンや雨の中でのアウトドアシーンの撮影におすすめなのが、アクションカメラです。自動車や自転車、身体などに取り付けて臨場感ある動画を撮影することができます。防水機能があれば雨の中や水中での撮影も可能ですが、バッテリーの関係で長時間の録画に適さないのがデメリットです。メインとして使うというよりは、サブ機として使い分けたいカメラです。

> **Memo 撮影時の画質設定**
>
> 動画の画質は、動画編集をすることによって撮影時の画質よりも高画質になることはありません。そのため、撮影をする際にはあらかじめフルHD（1920×1080もしくは1080p）以上の高い画質にしておくことが望ましいです。

2 撮影用の機材（そのほか）

● 三脚

撮影と出演を1人でこなす場合、三脚は持っておきたいアイテムです。ミラーレス一眼カメラ（望遠レンズは除く）やコンパクトデジタルカメラであれば、強度が高い三脚でなくても問題ありません。

● 外付けマイク

カメラに標準で搭載されている内蔵マイクは周囲の音を満遍なく拾ってしまい、出演者の声が聞き取りにくくなることもあります。外付けマイクを使うことで、聞き取りやすいクリアな音を拾うことができます。

● グリーンバック

人物を切り抜いて背景を別の動画で合成したいときは、グリーンバックがおすすめです。「クロマキー合成機能」が入っている動画編集ソフトなら、人物だけを残してかんたんに背景を削除することができます。

● カメラスタビライザー

カメラスタビライザー（ジンバル）は、激しい動きの中でも宙に浮いたように安定した映像が撮りたいときに便利なアイテムです。手ブレ補正のないスマートフォンのカメラにもおすすめです。

● 照明

室内で映像を撮るときは、照明があると肌やアイテムなどをより明るくきれいに撮影できます。LEDやストロボなど種類も豊富なので、よく撮影するシチュエーションやテーマに最適な照明を選ぶのがポイントです。

● キャプチャーボード

ゲーム実況動画を作る際は、家庭用ゲーム機を録画またはライブ配信できるキャプチャーボードが必要です。パソコンとつなげるものもあれば、直接録画するタイプのものもあります。

Section ▶
第1章 : 動画を撮影しよう

05 動画撮影の基本を知ろう

覚えておきたいキーワード
三分割法
日の丸構図
室内撮影・屋外撮影

必要な撮影機材が揃ったら、動画撮影の基本をおさらいしておきましょう。被写体をきれいに映すには光の扱いが重要になってきます。おもに室内撮影と屋外撮影で光の扱い方が異なる点に注意してください。

1 構図を意識する

撮影時は被写体がきれいに映るよう、画面の構図を考えてから撮影に臨みましょう。被写体を中心からずらして撮る「三分割法」がYouTubeでは一般的ですが、あえて中心に被写体を置いて撮影する「日の丸構図」も覚えておくとよいでしょう。

▶ 三分構図

画面の構図は、とくにこだわりがなければ被写体を中心からずらして撮影する「三分割法」がおすすめです。「三分割法」は、画面を縦横それぞれ3つに分割し、分割した線が交差する4つの点の周辺に被写体を配置して撮影する方法です。

▶ 日の丸構図

自撮り映像や商品を拡大して見せたい場合は、人物を含めた被写体を中心に置く「日の丸構図」が適しています。被写体を中心に置いて商品をカメラに近付けることで、インパクトを与えることができます。

📝 Memo 画角は基本的に横がおすすめ

YouTubeでは最適なアスペクト比（画面縦横比）が16:9のため、横長の画角で撮影する方法が一般的です。ビデオカメラなどでは基本的にはじめから横向きの画面で撮影できますが、スマートフォンのカメラでは端末を横向きにして撮影するようにしましょう。なお、縦長の動画を投稿した場合、動画の左右に黒い帯が入ります。

2 光を意識する

▶ 室内撮影の場合

室内での撮影は「撮影する場所」「光の当たり方」「明るさ」に注視して撮影をします。自然光で明るさが足りなかったり、メイク動画などで肌を際立たせたりしたい場合は、照明を用意するのが最適です。

● 場所選びのポイント

室内撮影は「きれいに撮影できる」「個人情報が映り込まない」場所を選ぶのが重要ポイントです。欲をいえば壁や床が白い場所であれば光の反射がきれいになるので、肌やアイテムを美しく撮影することができます。

● 室内での光の向き

室内で撮影するときは、被写体に当たる光の角度を意識しましょう。被写体の正面（順光）や斜め（斜光）から光が当たると、被写体がきれいに映ります。逆に被写体のうしろから光が当たると「逆光」となり、被写体が暗く映ってしまうので注意が必要です。

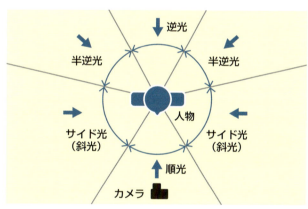

📝 Memo　室内撮影はリングライトを使用する

リングライトとは、動画撮影をするときに使われる円形の照明器具のことです。リングライト照明を使うことで被写体全体に光が当たり、肌や表情が明るく撮影できます。天井照明だけだと顔に影ができやすいので、顔や被写体に影を作りたくないときにおすすめです。

▶ 屋外撮影の場合

トラブルを避けるため、まずは「撮影が可能な場所」であるかどうかを必ず確認するようにしましょう。屋外は直射日光の光が強いため、室内撮影とは光の扱い方が異なる点に注意してください。

● 場所選びのポイント

屋外撮影は、室内撮影よりも広い空間と太陽からの強い光を使用できるのが大きな特徴です。背景のロケーションだけでなく、光の強さや角度とのバランスを考えて場所を選びましょう。

● 屋外での光の向き

被写体の正面から直射日光を受ける「順光」は、背景を入れた全体の画に向いています。アップの画を順光で撮影すると影とのコントラストが強くなり、顔のほうれい線などが目立ちやすくなります。人物の被写体をアップで撮りたい場合は、「逆光」か「日陰」がおすすめです。「逆光」は顔に変な影が入らず眩しくもないので、自然な表情が撮りやすいのが特徴です。ただ、顔全体が暗くなりやすいため、カメラの設定で明るく調整する必要があります。

無難に撮影したいのであれば、難易度の低い「日陰」での撮影が適しています。日陰だと光の向きを気にすることなく、初心者でもきれいに被写体を撮ることができます。

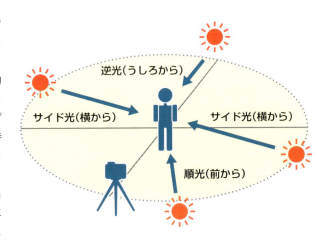

📝 Memo　ズームは極力しない

カメラをズームした状態で撮影を行うと、少しの手ブレであっても大きなブレに見えてしまうため、歩いて撮影する場合などでは極力ズーム機能は使わないようにしてください。また、スマートフォンのカメラのズーム機能は倍率に比例して画質が大きく低下するため、どうしても被写体を大きく映したい場合は、自分が被写体に寄って撮影を行いましょう。

● ズームなし

● ズームあり

Section ▶

第1章：動画を撮影しよう

06 YouTube動画のテーマ別撮影のポイント

覚えておきたいキーワード
\# 動画のテーマ
\# 撮影のポイント
\# 機材

ここでは、テーマ別（レビュー動画、ライフスタイル、料理、ゲーム実況、歌）に撮影のポイントを解説します。テーマによって映える撮り方、向いている機材などが異なるので参考にしてみてください。

1 テーマ別の撮影のポイント

作りたい動画のテーマが決まったら、そのテーマに合った撮影方法や機材を知っておきましょう。たとえば「商品レビュー」「料理」「ライフスタイル」などの動画では、被写体や映像をきれいに撮れるほうが強みになるため、背景をぼかせるカメラや被写体をきれいに映せるLED照明などがあると、映像のクオリティが上がります。また、「歌ってみた」や「楽器演奏」の動画では、音をきれいに録音することが強みになるため、オーディオインターフェイスとマイクを使用し、パソコンで録音するなどの環境が必要になります。なお、「ゲーム実況」の動画のようにテーマが同じであっても、ゲーム機（SwitchやPlayStationなど）のゲームを実況するのかパソコンゲームを実況するのかで必要な機材が変わってくるものもあります。最終的には自分の撮りたい動画やテーマに合わせて機材を用意してください。

▶ 商品紹介レビュー動画の撮影のポイント

商品紹介のレビュー動画を撮影するときには、商品の情報をしっかり伝えるための工夫がポイントになります。たとえば、商品の表側、裏側、側面がどうなっているか、触り心地、機能性などを詳しくレビューすると、実際に商品を手に取ったことがない視聴者に商品の特徴がより伝わりやすくなります。また、商品の真上から照明の光（トップライト）を当てると影が短くなり明るく撮影できるので、商品をよりよく見せる方法として効果的です。さらに、サイド（斜光）から光を当てれば影に立体感が生まれ、商品をオシャレに撮影できます。

> **Memo** 商品レビュー動画のクオリティを上げる機材
>
> 商品レビュー動画のクオリティを上げるためには、背景をぼかして撮影できるカメラや、商品をきれいに撮影できるLEDまたはリングライト照明を使用するのがおすすめです。また、自分の声を入れる場合は、スマートフォンやカメラに取り付けて音声をクリアにする外部マイクも使ってみましょう。

▶ ライフスタイル動画の撮影のポイント

ライフスタイル動画は、視聴者にありのままの生活を見せることで、親近感または憧れを抱いてもらいやすいということが魅力です。着飾ることはせずに、自然体の自分の生活シーンを撮影しましょう。そして、実際に撮影する際には「撮影の構図（カメラアングル）」もポイントとなります。1つの生活シーンにおいて光の入り方やカメラの向きなどを入念にチェックをし、チープな構図にならないようにします。また、1つの生活シーンを撮るにしても「引き（全体）の画」と「寄せ（アップ）の画」の2つのカットがあるだけで動画のクオリティが上がるので、手間を掛けてでも複数のカットを撮るようにしましょう。

📝Memo ライフスタイル動画のクオリティを上げる機材

ライフスタイル動画のクオリティを上げるためには、背景をぼかして撮影できるカメラや、被写体をきれいに撮影できるLED照明、スマートフォンやカメラに取り付けて音声をクリアにする外部マイクの使用がおすすめです。

▶ 料理動画の撮影のポイント

料理動画は、実際に再生しながらいっしょに調理をする視聴者、買い物のためにレシピをメモをスクリーンショットする視聴者などを想定し、テロップまたは音声を多めに入れるようにしましょう。そして、料理動画は下ごしらえの過程や完成した料理をいかにおいしそうに見せられるかが重要となります。「光の入れ方」によって料理の見え方が変わるので、自然光や照明を調整し、納得できるまで事前に何度も撮影して確認しておきましょう。料理動画では、立体感が出てよりおいしそうに見える「逆光」や「半逆光」を使うのがおすすめです。

📝Memo 料理動画のクオリティを上げる機材

料理動画のクオリティを上げるためには、背景をぼかして撮影できるカメラや、料理や手元をきれいに撮影できるLED照明の使用がおすすめです。工程の説明を入れる場合は、スマートフォンやカメラに取り付けて音声をクリアにする外部マイクも使用しましょう。

▶ ゲーム実況動画の撮影のポイント

ゲーム実況を撮影するときのポイントは、「ゲームの映像をきれいに撮ること」と「ゲーム音と実況の声のバランスを取って録音すること」です。ゲームの映像はフルHDで、できれば60fpsのフレームレートで滑らかに撮影できるように、機材を揃えておきましょう。またゲーム実況では何よりも声が重要になるため、クリアに録音できる機材を使用し、ゲーム音よりも若干大きいくらいの聞き取りやすいバランスで撮影に臨みましょう。このバランスを取る作業は意外と難しいので、事前に練習をして要領を掴んでおくのがおすすめです。

> **Memo** ゲーム実況で必要な機材

ゲーム実況動画のために家庭用ゲーム機を録画する場合は、キャプチャーボードが必要です。キャプチャーボードは、パソコンとつなげてパソコン上で録画するタイプとキャプチャーボード本体で直接録画するタイプの2種類があります。なお、自分のゲーム中の声を録る場合、前者であればパソコンにマイクをつなげて録音するのが一般的なため、リーズナブルなものであればUSBマイク、本格的なものであればオーディオインターフェイスとマイクが必要になります。後者であれば、キャプチャーボードにUSBマイクをつなげるのが一般的なため、USBマイクが必要になります。

▶ 歌や楽器動画の撮影のポイント

歌や楽器の演奏動画を撮影するには、複数の方法があります。いちばんハードルが低いのが、スマートフォンでの撮影です。お手軽に撮影することができる反面、音質があまりよくないのがデメリットになります。外部マイクやスマホ用オーディオインターフェイスを使用することで、スマートフォンの撮影でも音質を上げることが可能です。本格的に高音質で録音したい場合は、パソコンとオーディオインターフェイスを使用した録音がおすすめです。

> **Memo** 本格的に歌や演奏を録音する場合

歌を本格的な音質で録音したい場合、USBマイクではノイズが入ってしまうため、オーディオインターフェイスとマイクは必須です。オーディオインターフェイスで録音する際はもちろんパソコンも必要になります。また、音楽モニター用のヘッドフォンを使用すると録音中に自分の歌声が原音のまま聴こえるため、非常に歌いやすくなります。

▶ 語り動画の撮影のポイント

語り動画とは、自分の言葉で「体験」や「経験」を伝えたいときに最適な動画スタイルのことです。語り動画は、有名な人であれば顔を知られているため自分の顔を映すのが効果的ですが、そうではない場合はあえて顔は映さずに、「語り」の内容に合う別撮りの映像を用意するのがおすすめです。これは「知らない人の顔」という無駄な情報をカットし、語りの部分に集中させるのが目的です。語りの内容がわかりやすくなるように話す順序をあらかじめしっかり決めておき、不必要な間や言葉をカットして、ずっと聞いていられるような動画になるのが理想です。

> **Memo** 語り動画のクオリティを上げる機材

語り動画で自分の顔を映す場合は、背景をぼかして撮影できるカメラとLED照明を用意しましょう。映さない場合は、語りの内容に合う動画を撮影できるカメラだけで問題ありません。スマートフォンやカメラで直接音声を録音する場合は外部マイクを、パソコンで語りの音声を別撮りする場合はパソコンに接続するマイクが必要です。

Section 07

第1章 : 動画を撮影しよう

YouTube動画ならではの撮影のポイント

覚えておきたいキーワード
カメラ・カット
音声
引きと寄り

YouTubeでより多くの人に動画を視聴してもらうためには、撮影時にも編集時にもさまざまな工夫が必要です。ここでは、YouTube動画ならではの撮影時のポイントについて解説します。

1 YouTubeならではの撮影のポイント

▶ カメラを動かしすぎない

YouTube用の動画を撮影する際、とくに慣れないうちはカメラをむやみに動かさないようにしましょう。カメラのアングルを早く動かしすぎると、手ブレやシーンの切り替えが煩雑になります。YouTubeのユーザーはスマートフォンの小さい画面で動画を見る人が多いため、そういった動画は視聴者が映像酔いを起こしてしまう可能性もあります。どうしてもカメラを動かしたい場合は、被写体に追い付かなくてもよいのでできるだけゆっくり動かし、被写体を追いかけているように撮影するのがおすすめです。

● カメラを動かしすぎるとブレが起きやすい　　　● カメラはあまり動かさないようにする

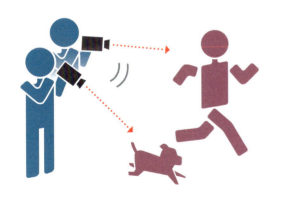 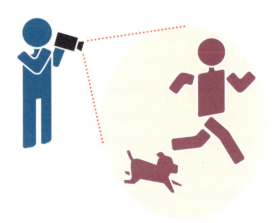

📝 Memo　サムネイル用のカットを撮影しておく

YouTubeの動画にはサムネイルを設定することができます（P.142、P.160参照）。動画の内容がわかりやすいように、サムネイル用のカットや静止画もいっしょに撮影しておくとよいでしょう。

▶ カットのしやすさを考慮する

撮影時は、映像のカットのしやすさを考慮しながら撮影に臨みましょう。たとえばすべては使わないとしても、1カット10秒ほど（体感で少し長いなと思うくらい）で撮影しておくと、あとで必要な部分だけを吟味できるのでカットがしやすくなります。ポイントは、長めに撮影してあとでよいところだけを使用するイメージです。

また、映像のカットはたくさん撮影して用意しておくに越したことはありません。カットがたくさんあると飽きずに映像を見ることができ、効果的に複数のカットを使い分けることで動画のクオリティも自然に上がっていきます。

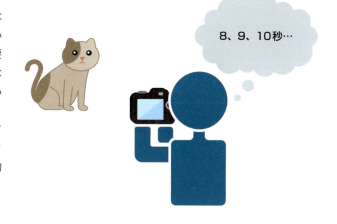

▶ 音声ははっきり録れるようにする

自分の声を録音する場合、とくに動画にBGMや効果音を入れたいと考えているのなら、「何を言っているのか」をしっかり聞き取れるようにしましょう。そのためには、録音のテストを何度も行ってみることが大事です。このときテストを怠ったりテストが甘かったりすると、必ずといってよいほど最終的な動画クオリティに影響します。また、機材のテストだけでなく、普段から文章を声に出して読む練習をしておくと、声量や滑舌が向上します。

▶ 「引き」と「寄り」を撮影する

同じ被写体を撮影するときには、「引き」と「寄り」のカットを撮影しておくと動画のクオリティが上がります。たとえば「寄り」のカットから「引き」のカットに切り替えるような編集をするだけで、かんたんにドラマチックな演出になります。料理動画の場合は「引き」で料理のビジュアルを、「寄り」であたたかみやシズル感を伝えることができ、商品紹介動画の場合は「引き」で商品の全体像やサイズ感を、「寄り」で質感や色味などを伝えることができます。また、スマートフォンから視聴する人のためにも、商品のサイズが小さい場合はアップを多めに入れるとよいでしょう。

Memo 撮影前に注意しなければいけないこと

▶ 撮影OKな場所か、一般の人が入り込まないかを確認する

屋外で撮影を行う際は、「他人に迷惑をかけない」というルール・マナーは必ず守ることが鉄則です。迷惑を掛ける具体的な事例としては、「撮影NGな場所、または撮影の許可がいる場所で無断で撮影を行う」「出演者以外の通行人等の一般の人や著作物が映像に入り込む（肖像権の侵害）」といったことです。あとあとトラブルを避けるためにも、撮影しようとしている場所が撮影しても問題ない場所なのか、それとも撮影に許可が必要なのかを必ず事前にリサーチしておきましょう。

また、自分以外の出演者がいる場合は、事前にモデルリリース（肖像権使用許諾書）を取り交わすなど、権利関係には十分注意する必要があります。肖像権とは、本人の承諾なしに肖像（顔や姿）を写真や動画などに写し取られたり、公表あるいは使用されたりしないように主張できる権利のことです。

● 文化庁　いわゆる「写り込み」等に係る規定の整備について

https://www.bunka.go.jp/seisaku/chosakuken/hokaisei/utsurikomi.html

▶ 事前にYouTubeのコミュニティガイドラインを確認する

YouTubeのコミュニティガイドラインでは、YouTubeで許可されていること、禁止されていることなどが確認できます。自分が撮影・投稿したい動画がコミュニティガイドラインに違反していないか不安な場合は、必ず事前にチェックしておきましょう（日本語に翻訳する必要があります）。なお、コミュニティガイドラインの内容は動画、コメント、リンク、サムネイルなど、YouTubeプラットフォーム上のさまざまなコンテンツに適用されます。

● YouTube　コミュニティガイドライン

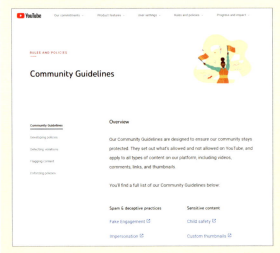

https://www.youtube.com/intl/ja/howyoutubeworks/policies/community-guidelines/

第 2 章

動画をパソコンに取り込もう

Section 08　動画の編集に必要な機材を揃えよう
Section 09　動画編集の流れを知ろう
Section 10　PowerDirectorとは
Section 11　PowerDirectorの体験版をインストールしよう
Section 12　PowerDirectorの起動と画面構成
Section 13　PowerDirectorに動画や写真を読み込もう
Section 14　読み込んだ動画や写真を確認しよう
Section 15　編集する動画をプロジェクトとして保存しよう

Section

第2章 ： 動画をパソコンに取り込もう

08 動画の編集に 必要な機材を揃えよう

覚えておきたいキーワード

\# 動画編集ソフト
\# スペック
\# PowerDirector

動画編集にはパソコンと動画編集ソフトが必要です。パソコンの性能は使用する動画編集ソフトの要件を満たしていれば基本的に問題ありませんが、性能がよいほど動画編集がスムーズに行えます。

1 動画を編集するパソコン

動画編集をパソコンで行うには、動画編集ソフトで指定されているスペックを満たしている必要があります。パソコンにおけるOSとは、オペレーティングシステムのことを指し、WindowsやmacOSが一般的に主流なOSです。スペックとはパソコンのデータの処理能力を指し、CPUやメモリ、グラフィックカードなどの性能が含まれます。CPUが頭脳で、メモリが作業机、グラフィックカードは絵を描く能力にたとえることができます。

基本的には使用する動画編集ソフトで指定されているスペックを満たすパソコンを用意すれば問題ありませんが、パソコンのスペックが高いほどより複雑な編集に耐えられるようになります。

▶ 著者が推奨する動作環境

OS	Windowsをお使いの方は、これからのサポート（将来性）のことを考えるとWindows 10かWindows 11が望ましいです。
CPU	動画編集ではCPU性能がいちばん大きく影響を受けるため、Intel製なら第4世代以降のCore i5以上、AMD製ならRyzen 5以上が望ましいです。最新世代のものであってもi3やRyzen 3などの下位のグレードの場合、少し物足りなくなる可能性があります。
メモリ	メモリ容量もCPUと同じく編集作業中の快適さに直結する要素のため、できれば8GB以上搭載が望ましいです。
グラフィックス（GPU）	公式で記載されている動作の重いプラグインやツールを使用しない限りはとくに必要ありません。快適性を上げたい、GPUを備えておきたいということであれば、RTX 1650程度であれば問題ありません。
画面サイズ	一般的に16:9の縦横比のものが主流のため、それに近いものであればとくに問題ありません。使いやすい画面サイズのもので構いませんが、大きい画面であるほど操作は行ないやすくなります。
HDD／SSD	PowerDirectorのインストール先がSSDであれば、HDDよりも快適さが見込めると思います。ただPowerDirectorのファイルサイズよりも動画のファイルサイズのほうがはるかに大きいため、動画を保存（出力）する際には消耗品としての外付けHDDなどを用意するのがおすすめです。
パソコンのタイプ	ノートパソコンかデスクトップパソコンかはどちらでも問題ありませんが、なるべく大きい画面のものがおすすめです。ただノートパソコンを使用する際は、操作性の観点からマウスは用意しておくとよいでしょう。

2 動画を編集するソフト

動画を編集するには、パソコンのほかに動画編集ソフトが必要です。動画編集ソフトには、プロ向けのものから家庭向けのものまでさまざまなソフトがありますが、本書では家庭用として国内販売シェアNo.1の動画編集ソフト「PowerDirector」を使って解説をしています。

PowerDirectorは値段別でパッケージのグレードが分かれており、価格が高いグレード（「Standard」＜「Ultra」＜「Ultimate」＜「UltimateSuite」）のものほど機能が多く含まれています。ある程度凝った編集がしたいならUltra以上、基本機能がすべて揃ったものを使用したいならUltimate、高品質なエフェクト類をすべて使用したいならUltimateSuiteを選ぶのがおすすめです。またパッケージのほかに、1年間の定額料金を支払うサブスクリプションプラン（PowerDirector 365）もあります。こちらは使用期間内なら常に最新のバージョンにアップデートされるため、常に最新バージョンのPowerDirectorを使いたい人にとってはコストパフォーマンスが高いです。PowerDirector 365はUltimateパッケージと同等の機能に加え、サブスクリプションユーザー限定の特典が得られます。これらのパッケージおよびプランの詳細な違いについては、PowerDirector公式サイトを確認してください。本書では、PowerDirector 365の体験版である「PowerDirector Essential」を使用して動画編集を解説します。

https://jp.cyberlink.com/products/powerdirector-video-editing-software/features_ja_JP.html

Memo スペックが低いパソコンを使うとどうなる？

動画編集は、パソコンで行う作業の中でもとくに重い処理を行います。そのためスペックの低いパソコンを使って動画編集を行うと、パソコンの処理待ちの時間が増えたり、場合によってはフリーズの頻度が高くなったりします。

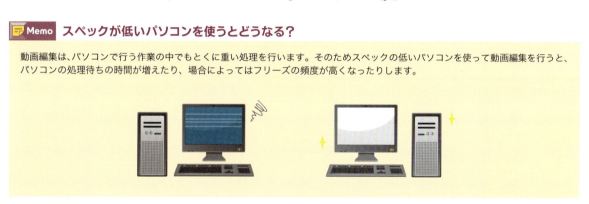

第2章 : 動画をパソコンに取り込もう

Section 09 動画編集の流れを知ろう

覚えておきたいキーワード
動画制作の流れ
取り込み
カット編集

撮影した動画素材は、パソコンへ取り込み、カット、演出を加えるなどして編集を行います。そして編集の終わったデータを1つの動画として出力することで完成します。ここでは、動画編集の大まかな流れを説明します。

1 動画制作の流れ

▶ ①ビデオカメラ（スマートフォン）で撮影した動画データをパソコンに取り込む

● SDカードの場合
①ビデオカメラからメモリーカードを取り出す
②メモリーカードをパソコンのカードスロットに差し込む

● USBケーブルでデータを転送する場合
①USBケーブルでパソコンとビデオカメラ（スマートフォン）を接続する

▶ ②動画の不要な部分をカットする

● ①ビデオの不要な部分をカットする
撮影したビデオから不要な部分をカット（トリミング）します。

● ②各ビデオの使う部分だけをつなぎ合わせる
各動画の使う部分だけをつなげて1本の動画にします。

③演出や装飾をする

● 切り替え効果（トランジション）

切り替え効果は別名「トランジション」と呼ばれ、異なる場面に転換するシーンでよく使われます。あまり使いすぎると映像がごちゃごちゃしてしまうため注意が必要ですが、効果的に使うことでオシャレに演出できます。最新版のPowerDirectorでは200個以上のトランジションアニメーションが含まれているため、お好みのトランジションを探してみましょう。

● 特殊効果（エフェクト）

特殊効果は別名「エフェクト」と呼ばれ、動画編集ではおもに映像の加工を行う演出です。たとえば過去の回想であることを印象付けたいときに「白黒やセピア調になる特殊効果を施す」といった使い方をすると効果的です。

● テロップ

テロップは人や物、場所の紹介をするときや、バラエティー番組などで言葉の強調を行うときに見られるテキストのことです。映像と言葉を組み合わせることでテレビ番組のように「見どころ」や「おもしろいポイント」が見えやすくなる効果が期待できます。

④ BGMやナレーションを追加する

● BGMやナレーション

BGMやナレーションなどを後付けで追加するのも動画編集の定番の技です。シーンに合うBGMやナレーションを入れることによって動画が格段に見やすくなります。とくにBGMの選び方というのは、その人独自の色や雰囲気が反映する大きな要素のため、誰かの真似をするというよりは自分の肌にあったものを選ぶのがおすすめです。自分らしいBGMを選べるようになるにはある程度経験が必要ですが、BGMを試行錯誤しながら選ぶ作業は、動画編集の醍醐味の1つといえるでしょう。

⑤ 動画を出力する

● 動画の出力

完成した動画をパソコンに保存、YouTubeにアップロードします。また、動画を適切な形式でディスクに書き込めば、対応するレコーダーでDVDやBlu-rayを再生することが可能です。

パソコン、スマートフォン、YouTubeなど

DVD、Blu-ray

第2章：動画をパソコンに取り込もう

Section 10 PowerDirectorとは

覚えておきたいキーワード
PowerDirector
CyberLink
PowerDirectorの機能

PowerDirectorは、CyberLinkが開発した世界中で利用されている動画編集ソフトです。同価格帯の動画編集ソフトと比べても多くの編集機能を備えており、初心者でも直感的な操作ができるのが特徴です。

1 PowerDirectorとは

「PowerDirector」は、初心者でも使いやすい操作性と、高度な編集機能を兼ね備えた動画編集ソフトです。CyberLinkが開発をしており、日本国内での販売シェアもトップクラスで、多くのユーザーに利用されています。使いやすさと機能性のバランスがよく、動画編集に必要なさまざまな機能を網羅しています。
本書では、PowerDirector 365の体験版である「PowerDirector Essential」(Windows版)で操作解説を行っています。

▶ 動画編集ソフト「PowerDirector」

Memo 体験版の制限事項

PowerDirector 365の体験版である「PowerDirector Essential」は、CyberLinkの公式サイトからダウンロードが可能です(Sec.11参照)。製品版に比べてディスクへの書き込みや一部のエンコードなどの利用に30日間の機能制限がありますが、ソフト自体は30日経過以降も使用できます。また、出力した動画には透かしロゴが表示されます。詳しくはP.186～189の付録を参照してください。

2 PowerDirectorでできること

● さまざまな形式の動画や画像、音声素材を取り込んで編集が可能

動画・画像・音声のファイル形式はさまざまな規格がありますが、PowerDirectorでは動画・画像・音声のほとんどの規格のファイル形式を読み込んで、動画を作成する際に利用することができます。対応しているファイル形式はSec.13を参照してください。

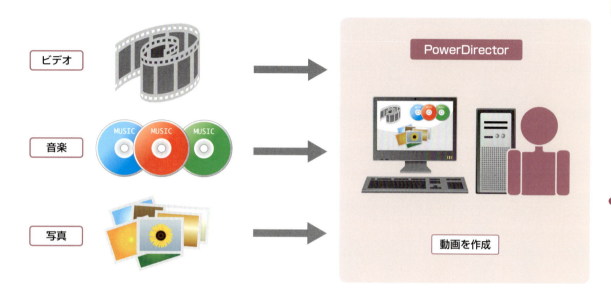

● 取り込んだ素材はメディアルームで管理

PowerDirectorに読み込んだ素材ファイルは「メディアルーム」と呼ばれるウィンドウに表示され、ひと目でわかりやすく管理できます。メディアルームでは、ファイルの種類ごとに表示を切り替えたり、サムネイルのサイズを変更したりするなどして、表示を自由にカスタマイズできます（Sec.16参照）。

Section

第2章：動画をパソコンに取り込もう

11 PowerDirectorの体験版をインストールしよう

覚えておきたいキーワード
体験版
インストール
PowerDirector Essential

ここでは、PowerDirectorの体験版「PowerDirector Essential」をパソコンにインストールする手順を解説します。「PowerDirector Essential」はCyberLinkの公式Webページからダウンロードすることができます。

1 PowerDirectorの体験版をインストールする

1 ダウンロードページにアクセスする

CyberLinkの「PowerDirector Essential」のページ（https://bit.ly/3oo24El）にアクセスし、＜無料ダウンロード＞をクリックします 1。

2 OSを選択する

使用しているパソコンのOS（ここでは＜Windows＞）をクリックすると 1、自動でダウンロードが開始されます。

3 ダウンロードフォルダーを開く

ダウンロードしたファイルの∧をクリックし、＜フォルダを開く＞をクリックしたら、＜CyberLink_PowerDirector_Downloader.exe＞をダブルクリックします 1。

4 ファイルの保存先を設定する

＜変更＞をクリックしてファイルの保存先を指定し1、＜開始＞をクリックします2。インストールに必要なプログラムがダウンロードされます。

5 プログラムをインストールする

1分後に自動でダウンロードプログラムがインストールされます。「ユーザーアカウント制御」画面が表示された場合は、＜はい＞をクリックします。

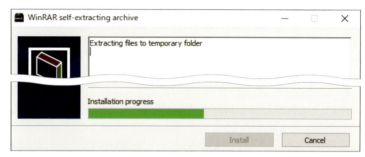

6 言語と場所を確認する

「言語」と「場所」を確認し1、＜次へ＞をクリックします2。

> **Memo　インストール場所を変更する**
>
> PowerDirectorのインストール先を「Program Files」以外にしたい場合は、＜参照＞をクリックして変更します。

7 規約に同意する

ライセンス契約を確認し1、＜同意する＞をクリックすると2、インストールが開始されます。

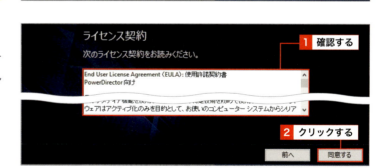

8 インストールが完了する

＜PowerDirectorの起動＞をクリックします1。＜無料版を起動＞をクリックすると、P.36手順2の画面が表示されます。

第2章：動画をパソコンに取り込もう

Section 12 PowerDirectorの起動と画面構成

覚えておきたいキーワード
\# 起動
\# 画面の縦横比
\# フルモードと画面構成

PowerDirector Essential（体験版）をインストールしたら、PowerDirectorを起動しましょう。ここでは、Windows 10でPowerDirectorを起動する手順に加えて、PowerDirectorの画面モードと画面構成について解説します。

1 PowerDirectorを起動する

1 PowerDirectorを起動する

デスクトップ画面左下の■をクリックし**1**、＜CyberLink PowerDirector 365＞をクリックします**2**。

2 アカウントを登録する

初回起動時にはサインインが必要なため、＜クイック登録＞をクリックし**1**、画面の指示に従ってアカウントを登録します。

> **Memo サインインする**
> アカウントの認証まで進んだら＜サインイン＞をクリックし、設定したメールアドレスとパスワードを入力してサインインします。

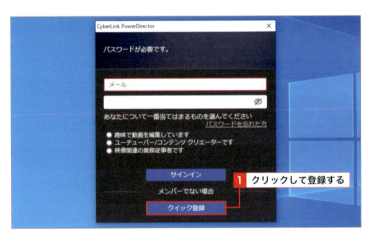

3 無料版を起動する

＜無料版で起動＞をクリックします**1**。

4 フルモードで開く

＜フルモード＞をクリックします❶。GPUを搭載しているパソコンでは、初回起動時やグラフィックドライバー更新後に最適化を求める画面が表示される場合があります。

5 案内画面を閉じる

初回起動時は、操作方法の案内が表示されます。ここでは＜さあ、始めましょう＞をクリックし、次の画面で＜スキップ＆デフォルト設定を適用＞→＜OK＞の順にクリックします❶。次の画面で＜ミッションセンターに戻る＞をクリックし、⊠をクリックして閉じます。

6 編集画面が開く

フルモードの編集画面が表示されます。

> **Memo 動画の縦横比とモードについて**
>
> 手順 4 の画面に表示されている「動画の縦横比」については、P.39で解説しています。

> **Step up 「常にフルモードを開く」設定にする**
>
> PowerDirectorを起動したときに常にフルモードで開きたい場合は、手順 4 の画面で「常にフルモードを開く」にチェックを入れます。以降、PowerDirectorの起動時に必ずフルモードで表示されるようになります。なお、「常にフルモードを開く」設定を解除する場合は、メニューバーから＜編集＞→＜基本設定＞を順にクリックし、＜確認＞→＜リセット＞→＜OK＞→＜OK＞の順にクリックします。

2 フルモードの画面構成

PowerDirectorでの動画編集は、「プレビューウィンドウ」でクリップや編集中の動画を再生して確認しながら、「タイムライン」でクリップの長さや順番の変更、効果（エフェクト）の追加などを行って動画を組み立てていきます。

▶ ❶ メディアルーム

パソコンやSDカードなどからPowerDirectorに取り込んだ動画や写真、音声ファイルなどが一覧表示されるウィンドウです。動画に必要な素材をメディアルームに取り込んでおくことで、効率的に作業を進めることができます。メディアルームのサムネイルは、■（ライブラリーメニュー）から表示サイズを変えることができます。

▶ ❷ プレビューウィンドウ

動画をプレビュー再生できるウィンドウです。エフェクトなどの効果、字幕の位置や表示時間など、行った編集の内容を再生しながら確認できます。プレビューウィンドウの機能については、P.45を参照してください。

▶ ❸ タイムラインビュー

「ビデオトラック」や「オーディオトラック」「エフェクトトラック」に素材を配置して動画を組み立てていくウィンドウです。素材を時系列や編集内容ごとに配置していくので、視覚的に動画の流れを把握することができます。

Step up 画面の大きさを調整する

各モードの編集画面は、大きさを好みのサイズに調整することができます。プレビューウィンドウの左端を左方向にドラッグすると、プレビューウィンドウのサイズに合わせてメディアルームも最適なサイズに変わります。本書の操作でボタンなどが画面に表示されていない場合は、各ウィンドウの大きさを変更してみてください。

3 動画の縦横比を選択する

PowerDirectorの起動画面では、6つのサイズから動画に合った縦横比を選ぶことができます。YouTubeにアップロードするのであれば、一般的な「16：9」を選択します。また、縦横比はあとから変更することも可能ですが（P.48参照）、修正が大変なのではじめからサイズをしっかり決めておきましょう。

1 縦横比を選択する

PowerDirectorを起動し、任意の動画の縦横比をクリックします❶。

▶ 16：9

16：9の画面は近年の主流な縦横比で、デジタルカメラで撮影した映像や一般的な地上デジタル放送、YouTube、パソコンモニターなどがこれに当たります。

▶ 21：9

21：9の画面は、16：9よりもさらに横幅が広くなった「ウルトラワイド」と呼ばれる縦横比です。映画の劇場スクリーンに近く、よりエンターテイメント向けとなっています。

▶ 1：1

1：1の画面は正方形の縦横比です。人気のSNS「Instagram」への投稿に適しています。

▶ 4：5

4：5の画面は、「Instagram」でリールなどの縦長の動画を作る際に適しています。

▶ 9：16

9：16の画面は、スマートフォンやタブレットを縦向きに撮影した動画の縦横比です。被写体が縦方向の動画や人気のSNS「TikTok」などに適しています。

▶ 4：3

4：3の画面は、昔のブラウン管テレビや、アナログビデオカメラで撮影した動画の縦横比です。

Section　　第**2**章 ： 動画をパソコンに取り込もう

13 PowerDirectorに動画や写真を読み込もう

覚えておきたいキーワード

\# 取り込みと読み込み
\# メディアルーム
\# ライブラリー

まずはパソコンに動画や写真、音声などのファイルを取り込み、続いてPowerDirectorに読み込みましょう。各ファイルを読み込むとメディアルームにクリップとして表示され、編集の素材として使えるようになります。

1 PowerDirectorで利用できる素材

PowerDirectorは、一般的な素材であればほとんどの形式のファイルを読み込むことができます。ただし、体験版では一部読み込めないファイルもあるので注意してください。

▶ **PowerDirectorに読み込めるおもな動画形式**

ファイルの形式	おもな拡張子	概要
AVCHD	m2ts、mts、m2t	パナソニックとソニーが開発したフォーマットです。ハイビジョン映像をビデオカメラで記録する用途によく使用されています。
MPEG-4 AVC (H.264)	mp4、m2ts	携帯電話やタブレット端末などで採用されている、主流のコーデックの規格です。コンテナの「MP4」とセットで使われることも多く、混同しがちですが別物です。幅広いWebサービスで対応しています。
H.265／HEVC	mp4	MPEG-4 AVC（H.264）の後継規格です。より高い圧縮率を持ち、8Kの超高画質にも対応しています。ただし、Twitterなど一部のサービスで対応していない場合もあります。
MPEG-2	mpeg、mpg、mpe、m1v、mp2、mpv2、mod、vob	おもにDVD-VideoやTVのデジタル放送用に採用されている規格です。
MOV（Apple QuickTimeファイル）	mov、qt	Appleが開発した規格です。Apple製品で撮影した動画の多くはこのファイル形式になります。
MP4（XAVC S）	mp4	ソニーが開発した4K対応の規格です。
WMV	wmv	Windows Media Playerに標準対応したファイル形式です。
AVI	avi	古くから使用されている、Windowsに標準対応したファイル形式です。

▶ PowerDirector に読み込めるおもな画像形式

ファイルの形式	おもな拡張子	概要
RAW	raw	写真を撮った直後の画像処理がされていない画像形式です。
GIF	gif	インターネットで公開されている小さなサイズの写真画像によく使われています。最大で256色までしか扱えないという制約があります。
BMP	bmp	Windowsの標準画像形式です。圧縮されていないためファイルサイズは大きめになります。Webではほとんど使われません。
JPG（JPEG）	jpg、jpeg、jfif、jpe	デジタルカメラで撮影した写真の保存に多く採用されています。効率的にファイルサイズを圧縮できますが、再保存すると画質が劣化しやすいという側面もあります。
TIF	tif、tiff	写真を印刷用に加工するときや、デジタルカメラで撮影した写真を画質を落とさず保存したいときに使用されます。
PNG	png	圧縮による画質の劣化がないため、写真をパソコンで編集する際などによく利用されています。

▶ PowerDirector に読み込めるおもな音声形式

ファイルの形式	おもな拡張子	概要
WAVE	wav	Windowsで使われる標準音声形式です。圧縮していないため高音質ですが、容量はもっとも大きくなります。
MPEG-1 Layer III（MP3）	mp3	昔から広く使われてきた音声圧縮フォーマットです。ほとんどの機器で利用可能な点が強みです。
WMA	wma	Microsoftが開発したWindowsのパソコンの標準音声データ圧縮形式です。
AAC	m4a、aac	地上デジタル放送やBSデジタル放送のほか、iTunesなどの音楽配信に採用されているフォーマットです。

📝 Memo 撮影した動画のファイル形式と保存されているフォルダー

撮影した動画のファイル形式とファイルの保存場所は撮影する機器によって異なります。以下は、撮影する機器とファイルの形式、ファイルの保存場所の一例です。転送方法はP.42で解説していますが、ビデオカメラによっては、パソコンに転送するための専用ソフトが用意されている場合もあります。詳しくは、各機器のマニュアルなどを参照してください。

● ビデオカメラで撮影したAVCHDのファイル
＜AVCHD＞→＜BDMV＞→＜STREAM＞フォルダーにある拡張子mtsのファイル

● ビデオカメラやデジタルカメラで撮影したMP4のファイル
＜DCIM＞フォルダー以下にある拡張子mp4のファイル
＜PRIVATE＞→＜M4ROOT＞→＜CLIP＞フォルダーにある拡張子mp4のファイル

● iPhoneで撮影したファイル
＜Internal Storage＞→＜DCIM＞フォルダー以下にある拡張子movのファイル

● Androidスマートフォンで撮影したファイル
＜DCIM＞→＜Camera＞フォルダー以下にある拡張子mp4のファイル
＜DCIM＞→＜100ANDRO＞フォルダー以下にある拡張子mp4のファイル

なお、ファイルサイズの制限により、長時間撮影した動画は複数のファイルに分割されていることがあります。

2 PowerDirectorにビデオや写真を読み込む

1 パソコンにビデオや写真を取り込む

あらかじめ、USBケーブルやメモリーカードを使ってパソコンにビデオや写真を取り込みます1。

> **Memo** 動画が保存されているフォルダー
>
> ビデオカメラや一眼レフカメラで撮影した動画ファイルが保存されているフォルダーについては、P.41のMemoを参照してください。

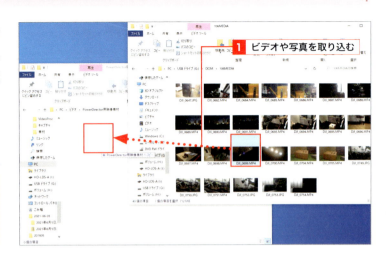

2 メディアルームを開く

PowerDirectorを起動し、 をクリックして1、 をクリックします2。

3 メディアファイルを読み込む

＜メディアファイルの読み込み＞をクリックします1。フォルダーごと素材を読み込みたい場合は、＜メディアフォルダーの読み込み＞をクリックします。

> **Memo** メディアルームとは
>
> 「メディアルーム」(Sec.16参照)の「ライブラリー」には、取り込んだ動画や画像、音声などのファイルが素材(クリップ)として表示されます。動画編集に使うクリップをライブラリーに表示しておくことでいつでも「タイムライン」に配置できるので、作業を効率的に行うことができます。また、プロジェクトを保存(Sec.15参照)しておけば、保存時と同じメディアルームの状態から作業を再開できます。ただし、読み込んだあとでファイルを移動したり削除したりすると、次のプロジェクト起動時にクリップとして表示されなくなるため、再読み込みする必要があります。そのため、動画が完成するまではプロジェクトに読み込んだファイルやフォルダーはできるだけ移動したり削除したりしないようにしましょう。

4 ファイルを選択する

エクスプローラーが表示されたら、読み込む動画や写真が保存されているフォルダーを開きます。読み込むファイルをクリックし❶、＜開く＞（手順❷で＜メディアフォルダーの読み込み＞をクリックした場合は＜フォルダーの選択＞）をクリックします❷。

Hint 複数のファイルを選択する

Ctrl を押しながらファイルをクリックすると、複数のファイルを選択できます。

5 ライブラリーに表示される

読み込んだファイルが、「メディアルーム」の「ライブラリー」にクリップとして表示されます❶。読み込んだクリップは「プレビューウィンドウ」で再生したり（Sec.14参照）、「タイムライン」に配置して編集したりできるようになります（Sec.17参照）。

Memo シャドウファイルについて

シャドウファイル機能が有効になっていない場合、高解像度の動画を読み込んだ際に❶のような画面が表示されます。＜はい＞をクリックしてシャドウファイル機能を有効にすると、編集向けの動画ファイル（シャドウファイル）に置き換えて動画編集が行えるようになります。編集時に少しでも動作を軽くしたい場合は有効にしてみてください。ただし、この機能が有効になっている間は、動画素材を取り込むたびにシャドウファイルの作成が完了するまで待つ必要があります。取り込んだ動画のサムネイルの左下のアイコンが黄色❷から緑❸になると、シャドウファイルの作成が完了します。

Section 13 PowerDirectorに動画や写真を読み込もう

第2章 動画をパソコンに取り込もう

Section | 第2章：動画をパソコンに取り込もう

14 読み込んだ動画や写真を確認しよう

覚えておきたいキーワード
プレビュー再生
プレビューウィンドウ
プレビュー画質

プレビューウィンドウでは、取り込んだ動画素材やタイムラインに配置した素材の再生、停止などのプレビューをすることができます。プレビューウィンドウで素材を再生して確認しながら、編集作業を行います。

1 素材をプレビューウィンドウで再生する

1 素材をクリックする

メディアルーム内の再生したい素材をクリックします1。

2 素材が表示される

素材が「プレビューウィンドウ」に表示されます。素材が動画の場合、プレビューウィンドウの▶をクリックします1。

> **Memo** プレビューウィンドウに表示される画面
>
> プレビューウィンドウには、そのときメディアルームで選択している素材や、タイムラインで編集中の素材が表示されます。

3 素材が再生される

動画素材が再生されます。■をクリックすると一時停止できます1。

> **Memo** 一時停止と停止の使い分け
>
> 再生中に■をクリックして一時停止した場合、再生時間もその時間で停止します。しかし■をクリックして停止した場合は、再生時間が0秒まで戻ります。この「一時停止」と「停止」は状況に応じて使い分けましょう。

44

2 プレビューウィンドウの機能

①	プレビュー映像が表示されます。	⑩	プレビュー映像を早送りします。早送りの速度は複数回クリックして変更できます。
②	スライダーをドラッグして、再生位置を調整します。	⑪	選択した範囲か、現在のタイムラインスライダーの位置からプロジェクトの最後までレンダリングしてからプレビュー再生します。
③	現在の再生時間であるタイムレコードが表示されます。いちばん右側はその秒内のコマ（フレーム）数が表示されます。	⑫	プレビュー時の音量を調整できます。
④	プレビューウィンドウのサイズを変更できます。	⑬	現在表示されているプレビュー映像を画像ファイルとして保存できます。
⑤	プレビュー映像を再生（再生中は一時停止）します。	⑭	プレビュー時の画質や設定を変更できます。
⑥	再生を停止します。	⑮	プレビューウィンドウの固定を解除して独立できます。
⑦	再生位置を1フレーム前（単位は⑧により変更可能）に戻します。	⑯	プロジェクトの縦横比を変更できます（P.48参照）。
⑧	⑦、⑨の単位をフレーム、秒、分、チャプターなどに変更します。		
⑨	再生位置を1フレーム後（単位は⑧により変更可能）に進めます。		

Section 15

第2章：動画をパソコンに取り込もう

編集する動画をプロジェクトとして保存しよう

覚えておきたいキーワード
プロジェクトの保存
プロジェクトを開く
チャンネル登録

これから実際にビデオ編集を行っていきますが、編集を途中で止めたいときはプロジェクトを保存しましょう。プロジェクトには編集内容が保存されるので、次回はその時点から編集を再開することができます。

1 プロジェクトを保存する

▶ プロジェクトとは

PowerDirectorでは、動画編集の内容を保存するファイルのことをプロジェクト（ファイル）といいます。このプロジェクトファイルの中には、編集の内容や編集に使用した素材（動画や音楽など）、素材のパソコン内での保存場所など、さまざまな情報が保存されています。プロジェクトを保存しておけば、次回作業時に続きから編集を行うことができます。なお、PowerDirectorで保存したプロジェクトは「pdsファイル」（拡張子「.pds」）として保存されます。

1 保存メニューを選択する

メニューバーの＜ファイル＞をクリックし**1**、＜プロジェクトの保存＞をクリックします**2**。

> **Hint アイコンから保存する**
> メニューバーの■をクリックすることでも、プロジェクトを保存できます。

2 プロジェクトを保存する

プロジェクトを保存したい場所（初期状態ではパソコン内の「ドキュメント」フォルダー）を選択し、ファイル名を入力して**1**、＜保存＞をクリックすると**2**、プロジェクトが保存されます。以降は＜プロジェクトの保存＞のクリックで上書き保存されます。

2 プロジェクトを開く

1 開くメニューを選択する

メニューバーの＜ファイル＞をクリックし1、＜プロジェクトを開く＞をクリックします2。

2 プロジェクトを開く

開きたいプロジェクトファイルをクリックし1、＜開く＞をクリックします2。

3 ファイルの結合を選択する

＜はい＞をクリックすると、選択したプロジェクトを開く前のライブラリーのメディアファイルが選択したプロジェクトに追加されます。プロジェクトのライブラリーを保存時から変更したくない場合は＜いいえ＞をクリックします1。

4 プロジェクトが開く

プロジェクトがPowerDirector上で開きます。

Memo　そのほかのプロジェクトを開く方法

プロジェクトはエクスプローラー、メディアルームからも開くことができます。エクスプローラーから開く場合は、プロジェクトを保存したフォルダーからプロジェクトファイルをダブルクリックします。メディアルームから開く場合は、Sec.16を参照してください。なお、プロジェクトを新しく作成する場合は、メニューバーの＜ファイル＞→＜新規プロジェクト＞の順にクリックします。

Memo 編集中に動画の縦横比を変更する

一般的に動画ファイルの縦横比は、4：3の「標準」タイプと、16：9の「ワイドスクリーン」タイプに分けられます。多くのビデオカメラではどちらの比率でも動画を撮影できますが、最近の主流はテレビ画面、YouTube画面などで16：9の縦横比となっています。PowerDirectorでは編集するビデオの縦横比を、プロジェクトで「16：9」「21：9」「1：1」「4：5」「9：16」「4：3」に設定ができます。YouTubeでの動画ということであれば、16：9が一般的です。

▶ プレビューウィンドウから縦横比を変更する

1 ＜プロジェクトの縦横比＞をクリックする

プレビューウィンドウの＜プロジェクトの縦横比＞（ここでは＜16：9＞）をクリックします1。

2 任意の縦横比を選択する

任意の縦横比（ここでは＜4：3＞）をクリックします1。

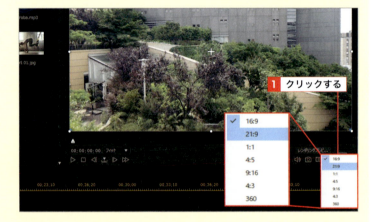

3 縦横比が変更される

動画の縦横比が変更されます。

第 3 章

動画をカット編集しよう

Section 16 メディアルームとタイムラインについて確認しよう
Section 17 動画をタイムラインに配置しよう
Section 18 不要な場面をトリミングしよう
Section 19 繰り返したい場面をコピーしよう
Section 20 切り替え効果を入れたい場面で分割しよう
Section 21 場面の再生順を入れ替えよう
Section 22 使わない場面を削除しよう

Section 16

第3章：動画をカット編集しよう

メディアルームとタイムラインについて確認しよう

覚えておきたいキーワード
メディアルーム
タイムライン
クリップ

ファイルやメディアから読み込まれた動画素材は、「メディアルーム」に表示されます。ここではメディアルームの使い方、メディアルームでのクリップの扱い方、タイムラインの見方について解説します。

1 メディアルームの画面構成

PowerDirectorの画面左上にある「メディアルーム」には、動画・画像・音声のクリップ（素材）のサムネイルが一覧表示されています。このサムネイルはサイズを変更したり、種類別に表示／非表示にしたりすることができます。

❶	メディアルーム	メディアルームが表示されます。
❷	すべてのメディア	すべてのクリップをサムネイル表示します。
❸	動画のみ	表示するサムネイルのカテゴリーを切り替えます。
❹	画像のみ	
❺	音声のみ	
❻	ライブラリーメニュー	サムネイルのサイズや表示方法を変更できます。
❼	検索エリア	ライブラリーにあるメディアの検索ができます。

Key Word クリップ（素材）

メディアルームに読み込んだり、タイムラインに配置したりする1つ1つの画像、動画、音声などの素材を「クリップ」といいます。動画編集では、画像、動画、音声などのクリップを使って、順番を入れ替えたり、重ねたりして1つの動画を作り上げていきます。

2 タイムラインの画面構成

タイムライン上では、横軸の経過時間に沿って、ビデオクリップのサムネイル画像が連続的に表示されます。タイムラインには複数の「トラック」があり、ビデオクリップのほかオーディオクリップ、エフェクトクリップ、字幕クリップなどを並列して配置することができます。

❶	タイムラインルーラー	経過時間を示す部分です。黄色の文字で「時間：分；秒；フレーム（コマ数）」の数値が表示されます。■（タイムラインスライダー）を左右にドラッグして、再生位置の調整を行います。
❷	字幕トラック	字幕クリップを配置します。デフォルトでは非表示になっていますが、「字幕ルーム」を開くことでアクティブになります。
❸	ビデオトラック	ビデオクリップ（動画の映像部分や画像、テキストクリップ）を配置します。標準では「ビデオトラック1～3」の3つが用意されています。
❹	オーディオトラック	オーディオクリップ（動画の音声部分や音声、BGM）を配置します。標準では「オーディオトラック1～3」の3つが用意されています。
❺	エフェクトトラック	ビデオクリップに特殊効果をかけるエフェクトクリップを配置します（Sec.34参照）。

Key Word　トラック

「トラック」とは、クリップをタイムラインに配置できる小分けされたエリアのことです。トラックは、■■（タイムラインにビデオ／オーディオトラックを追加）をクリックすると起動する「トラックマネージャー」から自由に追加できます。なお、ビデオクリップはビデオ部分とオーディオ部分でリンクされているため、動画をトラックに配置する場合は必ず「ビデオトラック」と「オーディオトラック」をそれぞれ1つずつ使用します。それぞれ個別で編集したい場合は、「動画と音声をリンク解除」（P.113上のStepup参照）することで分けて編集を行うことが可能です。

Section ◀▶

第3章：動画をカット編集しよう

17 動画をタイムラインに配置しよう

覚えておきたいキーワード
タイムライン
クリップを配置
タイムラインルーラー

動画素材はタイムライン上で編集を行います。ビデオクリップをタイムラインの「ビデオトラック＆オーディオトラック」上に配置する方法を覚えましょう。ビデオクリップは、配置した順番に映像がつながっていきます。

1 ビデオクリップの配置や編集

「タイムライン」に2つのビデオクリップを配置した状態が、いちばん単純な動画編集の形です。Sec.44の方法で動画ファイルを出力すると、2つのビデオクリップがつながった新しい動画ができます。

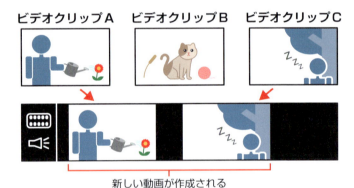

ここからさらにビデオクリップを編集したり、テロップを加えたり（第4章）、演出を加えたり（第5章）、音楽を追加したり（第6章）して、動画のクオリティを高めていきます。

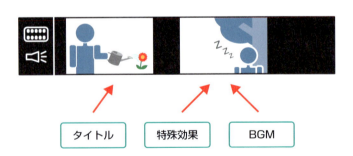

📝 Memo　編集での作り込みに制限はない

動画編集には、「必ず○○をやらなければいけない」という決まりはありません。複数のビデオクリップをつなげただけのシンプルな動画でも、たくさんの演出を加えた手の込んだ動画でも、自分が納得できる形に編集ができたらいつでも動画ファイルとして出力することができます。途中で動画編集を中断するときは、編集中の状態を「プロジェクトファイル」として保存しておきましょう（Sec.15参照）。プロジェクトファイルとして保存しておくことで、次回編集時に前回の続きから編集を行うことができます。また、上書き保存せずに別名でプロジェクトファイルを保存しておけば、過去の状態に戻って編集を行うことができます。

2 ビデオクリップをタイムラインに配置する

1 タイムラインに配置したい素材を選ぶ

「メディアルーム」にある編集したいビデオクリップをクリックし①、タイムラインの「ビデオトラック＆オーディオトラック1」へドラッグ＆ドロップします②。

2 タイムラインに素材が配置される

ビデオクリップがタイムラインに配置されます。

Hint 操作を取り消す

間違えてビデオクリップをタイムラインに配置してしまった場合は、メニューバーの をクリックして配置を取り消して1つ前の編集段階に戻すことができます。

3 複数のビデオクリップをつなげる

追加で配置したいビデオクリップをクリックし、配置したビデオクリップの右にくっつくようにドラッグ＆ドロップすると①、ビデオクリップがタイムラインに配置され、自動的につながります。

Step up タイムラインの時間の表示サイズを変更する

タイムライン上の時間の表示は、タイムラインルーラー（P.51参照）によって自由に拡大したり縮小したりできます。たとえばタイムラインルーラーを右方向にドラッグして拡大することで、クリップの位置を正確に調整できるようになります。また、 をクリックすることで、現在のタイムラインの長さに合わせて横幅が自動調節され、ムービー全体を確認できます。

Section

第3章 : 動画をカット編集しよう

18 不要な場面をトリミングしよう

覚えておきたいキーワード
ビデオクリップ
不要な部分
トリミング

ビデオクリップの撮りはじめや撮り終わりなどの不要な部分を削除し、必要な部分だけを残すことを「トリミング」といいます。PowerDirectorでは、「開始位置」と「終了位置」を指定するだけでかんたんにトリミングが行えます。

1 ビデオクリップをトリミングする

ビデオクリップ内に不要な場面がある場合はトリミングを行いましょう。PowerDirectorではトリミング専用のツールが別画面で用意されています。なお、動画の中間部分を削除するには、ビデオクリップを「前半」「中間」「後半」の3つに分割し、中間のビデオクリップを削除します。詳しくはSec.22を参照してください。

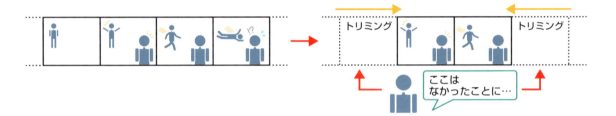

1 トリミングツールを起動する

タイムライン上に配置してあるトリミングしたいビデオクリップをクリックし■、タイムラインの左上にある■をクリックします■。

2 プレビューする

トリミングツールが起動します。■をクリックすると■、プレビュー再生が行われます。

3 トリミングしたい位置で一時停止する

プレビュー再生しながらトリミングを開始したい位置で■をクリックし**1**、一時停止します。■をクリックします**2**。

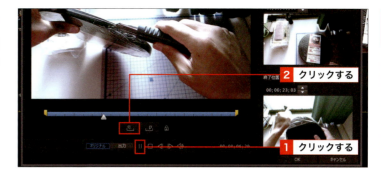

4 開始位置を指定する

開始位置が指定されます**1**。再び▶をクリックしてプレビューを再開し**2**、トリミングを終了したい位置で■をクリックして一時停止します。

5 終了位置を指定する

■をクリックすると**1**、終了位置が指定されます**2**。＜OK＞をクリックすると**3**、トリミングツールが閉じてビデオクリップの開始位置と終了位置以降が削除されます。

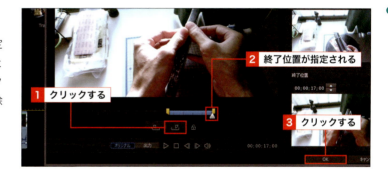

Step up　トリミングの位置を微調整する

トリミング画面の右側にある「タイムコード」を使えば、開始位置や終了位置をフレーム単位で細かく調整できます。「開始位置」または「終了位置」に数値を入力して「時／分／秒／フレーム」を指定し**1**、▲▼をクリックして微調整します**2**。

Step up　タイムラインからトリミングする

タイムライン上でも、ビデオクリップの両端のどちらかをクリックしてドラッグすることで直感的にトリミングできます。ビデオクリップの前方（左端）をドラッグすることで始まり部分をトリミング、ビデオクリップの後方（右端）をドラッグすることで終わり部分をトリミングできます**1**。ビデオクリップの移動については、Sec.21を参照してください。

Section | 第3章：動画をカット編集しよう

19 繰り返したい場面をコピーしよう

覚えておきたいキーワード
コピー
ペースト
ビデオクリップ

同じシーンの映像を何度も使用したいときは、タイムライン上でビデオクリップをコピー（複製）してペースト（貼り付け）すると効率的です。また、動画以外のクリップも同じようにコピーし何度でもペーストできます。

1 ビデオクリップをコピーしてペーストする

1 ビデオクリップをコピーする

タイムライン上に配置してあるコピーしたいビデオクリップをクリックします**1**。メニューから＜編集＞をクリックし**2**、＜コピー＞をクリックします**3**。

Hint コピーのショートカットキー

タイムラインのビデオクリップをクリックして選択した状態で、キーボードの[Ctrl]+[C]を押すことでもコピーできます。

2 ビデオクリップをペーストする

をペーストしたい位置までドラッグします**1**。メニューから＜編集＞をクリックし**2**、＜貼り付け＞をクリックします**3**。ビデオクリップが重なる位置にペーストした場合はメニューが表示されるので、ここでは＜貼り付けて上書きする＞をクリックします**4**。

Hint ペーストのショートカットキー

をペーストしたい位置までドラッグし、キーボードの[Ctrl]+[V]を押すことでもペーストできます。

56

3 ビデオクリップがペーストされる

ビデオクリップがペーストされます❶。P.56手順 2 でビデオクリップが重なる位置にペーストした場合は、重なった部分のビデオクリップが上書きされます。

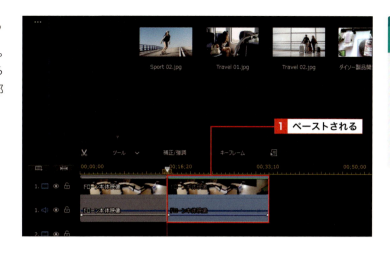

❶ ペーストされる

📝 Memo　ビデオクリップが重なる位置にペーストした場合のそのほかのペースト方法

▶ ＜貼り付け、トリミングして合わせる＞を選択した場合

貼り付けるポイントでスペースが空いている場合は、P.56手順 2 の❹で＜貼り付け、トリミングして合わせる＞をクリックすると、そのスペースに合わせて自動でトリミングが行われます。

▶ ＜貼り付け、速度を上げて合わせる＞を選択した場合

貼り付けるポイントでスペースが空いている場合は、P.56手順 2 で＜貼り付け、速度を上げて合わせる＞をクリックすると、そのスペースに合うように自動で再生速度が調整されてペーストが行われます。

▶ ＜貼り付けて挿入する＞を選択した場合

P.56手順 2 で＜貼り付けて挿入する＞をクリックすると、既存のビデオクリップが分割されて、その分割された間にペーストしたビデオクリップが挿入されます。既存のビデオクリップのうち分割されたうしろの部分（同じトラックのみ）が右に移動します。

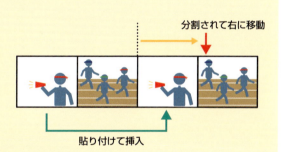

▶ ＜貼り付け、挿入して、すべてのクリップを移動する＞を選択した場合

P.56手順 2 で＜貼り付け、挿入して、すべてのクリップを移動する＞をクリックすると、すべてのトラックのビデオクリップが右に移動します。

▶ ＜クロスフェード＞を選択した場合

P.56手順 2 で＜クロスフェード＞をクリックすると、既存のクリップの上にペーストしたビデオクリップが重ねられます。そしてその重なった部分に自動的にクロスのトランジション（P.98のMemo参照）が追加され、右に移動します。

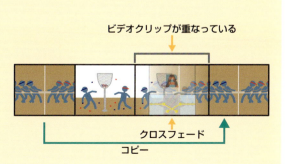

第3章 : 動画をカット編集しよう

Section 20 切り替え効果を入れたい場面で分割しよう

覚えておきたいキーワード
ビデオクリップ
分割
分割位置の調整

ビデオクリップの途中で場面が切り替わっている場合や切り替え効果を与えたい場合は、ビデオクリップを分割します。分割したビデオクリップにも、切り替え効果や特殊効果などといった個別の編集作業が行えます。

1 ビデオクリップを分割する

切り替え効果 (Sec.33参照) や特殊効果 (Sec.34参照) は、クリップ単位で適用することができます。そのためビデオクリップを分割することで、設定したい部分だけに各効果を適用をすることが可能になります。

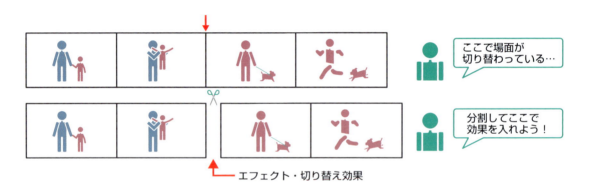

1 分割したい位置を指定する

ビデオクリップを分割したい位置まで をドラッグします**1**。

2 選択したビデオクリップを分割する

ビデオクリップをクリックして選択し**1**、タイムラインの上部にある (選択したクリップを分割) をクリックします**2**。

3 ビデオクリップが分割される

■の位置を境にして、ビデオクリップが2つに分割されます。

> **Memo** タイムラインを分割する
>
> P.58手順1のあとでビデオクリップを選択した場合、■は「選択したクリップを分割」になります。選択したビデオクリップを分割すると、■の位置にある選択したビデオクリップのみが分割されます。
> 対してP.58手順1のあとでビデオクリップを選択していない場合、■は「選択したクリップを分割」ではなく「タイムラインの分割」になります。タイムラインを分割すると、■の位置にあるすべてのビデオクリップが分割されます（右図参照）。

2 分割したい位置を細かく調整する

1 分割したい位置でプレビューを停止する

プレビューウィンドウでビデオクリップの再生中に■をクリックし1、一時停止します。

2 終了位置を指定する

■または■をクリックすると1、再生を停止したまま分割する位置を1コマ（フレーム）ずつ前、またはうしろに移動することができます。

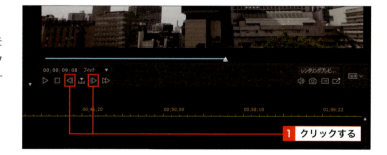

> **Step up** 分割位置の調整方法を切り替える
>
> ■をクリックすると、分割位置の移動単位を指定するメニューが表示されます。フレーム／秒／分単位で移動させたり、次のシーン／字幕／チャプターにジャンプしたりすることもできます。

Section

第3章：動画をカット編集しよう

21 場面の再生順を入れ替えよう

覚えておきたいキーワード
\# ビデオクリップ
\# 上書き
\# 挿入

タイムラインに配置したビデオクリップは、ドラッグでかんたんに再生順を並べ替えることができます。また、ビデオクリップが重なるように移動した場合は、移動後の動作を指定することができます。

1 ビデオクリップの順番を入れ替える

動画編集の基本は、起こった出来事（シーン）のビデオクリップを時系列順に並べていくことです。誰が見ても内容がわかるように、必要なシーンを最適な順番で並べるようにしましょう。

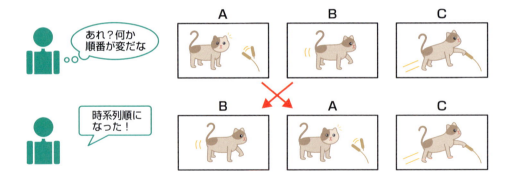

1 左にあるビデオクリップを右に移動する

タイムラインの左にあるビデオクリップをクリックし■、右にドラッグします■。

2 すべてのビデオクリップを移動する

ビデオクリップを移動したことで空いたスペースを右クリックし■、＜削除して削除した間隔以降のすべてのタイムラインクリップを移動する＞をクリックします■。

3 空いたスペースが埋まる

ビデオクリップを移動して空いたスペースが詰められ、クリップすべてのクリップが左に移動します。

2 ビデオクリップの長さを空いたスペースにトリミングして合わせる

1 移動したいビデオクリップを選択する

タイムラインの右にあるビデオクリップをクリックし、左にドラッグします1。ビデオクリップが重なる位置に移動した場合はメニューが表示されるので、ここでは＜トリミングして合わせる＞をクリックします2。

2 ビデオクリップが移動(トリミング)される

ビデオクリップが移動し、2つのビデオクリップの間の空いたスペースに合わせて自動でトリミングされます1。

Memo そのほかの移動後の動作

● ＜上書き＞を選択した場合

P.61手順1の2で＜上書き＞をクリックすると、ドラッグした位置にトリミングされることなく素材が上書きされて配置されます。

● ＜速度を上げて合わせる＞を選択した場合

P.61手順1の2で＜速度を上げて合わせる＞をクリックすると、左にあったビデオクリップの動画速度が調整され、ドラッグした位置に移動します。

● ＜挿入＞を選択した場合

P.61手順1の2で＜挿入＞をクリックすると、ドラッグした位置に右のビデオクリップが挿入されます(ドラッグした位置に別のビデオクリップがある場合は分割されます)。

● ＜挿入してすべてのクリップを移動する＞を選択した場合

P.61手順1の2で＜挿入してすべてのクリップを移動する＞をクリックすると、タイムライン上にあるすべてのビデオクリップが右に移動します。

第3章：動画をカット編集しよう

22 使わない場面を削除しよう

覚えておきたいキーワード
ビデオクリップ
削除
カット

動画編集の作業内容は、その大半が素材をトリミングしたり、不要なシーンをカット（削除）したりすることで占められています。どれだけ不要なシーンを選別し削除できるかが大事です。

1 不要なビデオクリップを削除する

1 削除したいビデオクリップを選択する

タイムラインで削除したいビデオクリップをクリックします**1**。メニューから＜編集＞をクリックし**2**、＜削除＞をクリックして**3**、削除後の動作をクリックして選択します**4**。

Memo ビデオクリップが1つだけの場合

タイムラインにビデオクリップが1つしかない場合、削除後の動作のメニューは表示されず、ビデオクリップは削除されます。

Memo 削除後の動作

● ＜削除して間隔はそのままにする＞を選択した場合

手順**1**の**4**で＜削除して間隔はそのままにする＞をクリックすると、ビデオクリップが削除されて空いたスペースがそのまま残ります。

● ＜削除して間隔を詰める＞を選択した場合

手順**1**の**4**で＜削除して間隔を詰める＞をクリックすると、クリップが削除されて空いたスペースが詰められ、同じトラックにあるビデオクリップだけが左に移動します。

● ＜削除、間隔を詰めて、すべてのクリップを移動する＞を選択した場合

手順**1**の**4**で＜削除、間隔を詰めて、すべてのクリップを移動する＞をクリックすると、タイムライン上にあるすべてのビデオクリップが左に移動します。

第 **4** 章

タイトルやテロップを
加えよう

Section 23　動画の最初にタイトルを入れよう

Section 24　フォントをインストールしよう

Section 25　タイトルをデザインしよう

Section 26　タイトルを調整しよう

Section 27　タイトルをアニメーションさせよう

Section 28　テロップや字幕を入れよう

Section 29　テロップや字幕を調整しよう

Section 30　動画にワイプを入れよう

Section 31　動画に静止画を配置しよう

Section 23 第4章：タイトルやテロップを加えよう

動画の最初にタイトルを入れよう

覚えておきたいキーワード
タイトルルーム
タイトルデザイナー
ビデオトラック

動画にタイトルを入れるには、タイトルルームでタイトルを作成し、ビデオトラックに配置します。「開始／終了時の特殊効果」や、キーフレームによるアニメーションを加えることで、見栄えのよいタイトルを作成できます。

1 既存のテンプレートを使ってタイトルを配置する

PowerDirectorのタイトルルームの中には、既存のデザインのテキストテンプレートが多数盛り込まれています。好みのテンプレートがある場合や自分でテキストのデザインをするのが苦手な場合は、これらのテンプレートを活用するのがおすすめです。

1 タイトルデザイナーを表示する

画面左のメニューから T をクリックし 1、「タイトルルーム」を表示します。＜すべて表示＞をクリックします 2。

2 テンプレートを選択する

テキストテンプレート（ここでは＜クローバー_03＞）をクリックすると 1、プレビューウィンドウにテンプレートのデザインが表示されます。

Memo タイトルルームのカテゴリー

タイトルルームの中にあるテンプレートは、それぞれカテゴリーで分けられています。カテゴリー別で表示することで、それぞれのテーマに沿ったテンプレートを確認することができます。たとえば、映画のエンドロールのようなテンプレートを使いたい場合は、＜クレジット／スクロール＞をクリックすると、目的のテンプレートをすぐに見つけられ、作業がスムーズになります。

3 選択したテンプレートを配置する

タイムライン内の配置したいビデオトラック（ここではビデオトラック2）にドラッグ＆ドロップします🔢。

4 テンプレートが追加される

テキストテンプレートが配置されます。Sec.25を参考にタイトルデザイナーを起動してタイトルを編集しましょう。

Memo　タイトルはビデオトラックに入れて使用する

タイトルルームで作成したタイトル素材は、ビデオトラックに入れて使用します。そのため、空いているビデオトラックの数だけ複数のタイトルを同時に重ねて使うことができます。また、タイトル素材は1つの映像素材として扱われるため、動画素材のように切り替え効果（P.96参照）やエフェクト（P.100参照）を使用することもできます。

Hint　テンプレートをお気に入りに追加する

何度も使用するテンプレートがある場合は、「お気に入り」に追加しておきましょう。お気に入りに追加したテンプレートの右下にある♡をクリックし、♥にします。お気に入りに追加したテンプレートは、カテゴリーの＜お気に入り＞をクリックすると、すぐにアクセスすることができます。

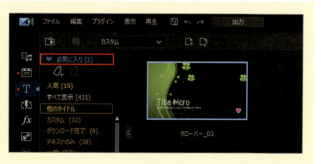

2 タイトルルームにタイトルを登録して配置する

1 タイトルデザイナーを表示する

Tをクリックし1、「タイトルルーム」を表示します。2をクリックし2、＜2Dタイトル＞をクリックすると3、「タイトルデザイナー」が表示されます。

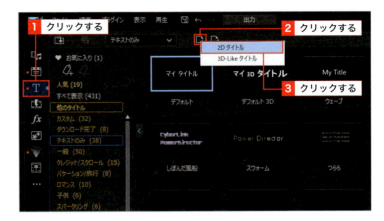

2 ＜マイタイトル＞をクリックする

タイトルデザイナー内の＜マイタイトル＞をクリックします1。

3 タイトルを入力する

任意の文字を入力し、任意の位置にドラッグして1、＜OK＞をクリックします2。

Step up 「エクスプレス」と「詳細」の編集モード

タイトルルームでは、かんたんな編集項目で構成された「エクスプレス」とすべての編集項目で構成された「詳細」の編集モードを切り替えてタイトルを作成することができます。「詳細」ではすべての機能が使用可能になるので、動くタイトルなどを作成したい場合は「詳細編集」に挑戦してみましょう。Sec.27では、「詳細」の編集モードで解説しています。

4 テンプレートとして保存する

「テンプレートとして保存」画面で任意の名前を入力し①、<OK>をクリックします②。

5 作成したタイトルを配置する

作成したタイトルが「タイトルルーム」の「カスタム」タグに保存されます①。タイムラインのビデオトラック2にドラッグ&ドロップします②。

6 タイトルが追加される

ビデオトラック2にタイトルが配置され、動画にタイトルが追加できます。

Memo タイトルを入れるときのポイント

タイトルルームで作成できるテロップの使いどころは、動画の題名を示すタイトル、バラエティ的な文字テロップなど、さまざまです。ひとえに正解というものはありませんが、たとえば人物のセリフであれば声の大きさやトーンに合わせてテロップの大きさや色を調整するのがポイントです。また、動画だけでは伝わりにくいところを補足する目的のタイトルであれば、見やすいデザイン（大きさや色）でわかりやすい言葉を選びましょう。

Section | 第4章：タイトルやテロップを加えよう

24 フォントをインストールしよう

覚えておきたいキーワード
フォント
書体
Noto Sans JP

タイトルを細かく編集する前に、見やすくて使いやすいフォント（書体）をあらかじめインストールしておくのがおすすめです。ここでは、「Google Font」で公開されているフォントのインストール方法を紹介します。

1 フォントをインストールする

フォント（書体）とは、印刷や画面表示に使う、デザインが統一されている文字セットのことです。明朝体やゴシック体など、さまざまな種類のものがあります。テレビ番組やYouTube動画における「テロップ」は、時代によって流行やニーズなどが異なり、動画の印象を大きく左右します。動画の印象をレトロにしたい場合は昭和の時代に流行ったフォントを使ったり、逆に古臭さを感じさせずにオシャレな印象にするためには今の時代に沿うフォントを使ったりなど、作りたい動画の雰囲気に合わせたフォントをインストールして使用するのがおすすめです。インターネット上ではフリー（無料）から有料まで、さまざまなデザインのフォントがあります。それらのフォントをインストールすることで、PowerDirectorのタイトルルームや字幕ルームで使用できるようになります。

1 ダウンロードページにアクセスする

無料で公開されている「Noto Sans JP」（源ノ角ゴシック）のページ（https://fonts.google.com/noto/specimen/Noto+Sans+JP）にWebブラウザでアクセスし、画面右上の＜Download Family＞をクリックします1。

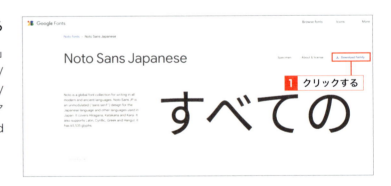

2 ファイルを保存する

（フォルダーに表示）をクリックします1。

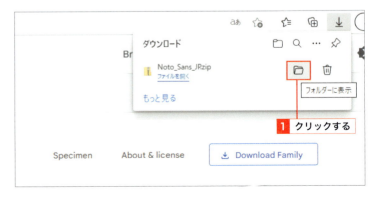

> **Memo ファイルの保存方法**
> ファイルの保存方法は、使用しているWebブラウザやユーザー設定により異なります。

3 フォルダを展開する

P.68手順 2 で保存したフォルダを右クリックし 1、＜すべて展開＞をクリックします 2。

4 展開先を確認して開く

展開先のフォルダを確認し 1、＜展開＞をクリックします 2。

> **Memo 展開先を変更する**
> 展開先を別にしたい場合は、＜参照＞をクリックして変更します。

5 フォントをインストールする

手順 4 で開いたフォルダの中にある任意の「otf」ファイルを右クリックし 1、＜すべてのユーザーに対してインストール＞をクリックすると 2、フォントがインストールされます。

> **Hint すべてのファイルを選択する**
> Ctrl を押しながらすべての「otf」ファイルをクリックして選択して、一度にすべての「otf」ファイルをインストールすることもできます。

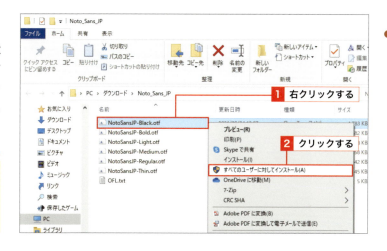

6 フォントが選択できるようになる

インストール後、PowerDirectorを起動している場合は再起動し、タイトルデザイナーを表示します。P.72手順 1 を参考に「フォント／段落」内のフォントの項目をクリックすると、手順 5 でインストールした「Noto Sans JP」を選択できるようになります 1。

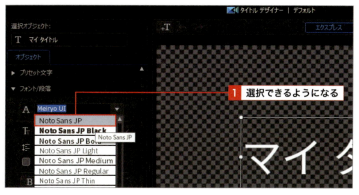

Section 第4章：タイトルやテロップを加えよう

25 タイトルをデザインしよう

覚えておきたいキーワード
タイトルデザイナー
グラデーションとシャドウ
テロップデザイン

タイトルデザイナーでは、凝ったデザインのタイトルを作成することができます。ここでは、シャドウやグラデーションを施したタイトルのデザインについて、作り方もあわせて解説します。

1 タイトルデザイナーでデザインを変更できるおもな項目

タイトルのデザインは、「タイトルデザイナー」にある項目を使って変更していきます。各項目名の横にある▶をクリックすることで、設定できるパラメータが展開されます。チェックマークがある項目については、チェックを入れることでオン、外すことでオフにすることができます。

❶	フォント／段落	基本的なフォントのパラメータを設定できる項目です。フォントの種類やサイズ、単色のカラー、行間や文字間隔、テキストの配置などを指定することができます。
❷	フォント	「2色グラデーション」や「4色グラデーション」などの単色以外のフォントの色を指定することができます。
❸	境界線	フォントに境界線を付けることができる項目です。色、サイズ、ぼかしの強度でデザインの調整が可能です。
❹	シャドウ	フォントにシャドウ（影）を付けることができる項目です。シャドウの距離やぼかしの強度、シャドウの方向でデザインの調整が可能です。

2 タイトルデザイナーを起動する

タイトルデザイナーを起動するには、P.66手順1で解説した「タイトルルームを表示する方法」のほかに、「タイムラインに配置したタイトル素材を選択して起動する方法」があります。1つ目のタイトルルームからタイトルデザイナーを起動する方法は、新規のプリセットを作成するのがおもな目的です。2つ目のタイムライン上に配置したタイトルクリップからタイトルデザイナーを起動する方法は、タイトルを直接編集するのがおもな目的となります。作業状況に合わせて使い分けましょう。

▶ タイトルルームから起動する

P.64手順1を参考にタイトルルームを表示し、をクリックして1、＜2Dタイトル＞をクリックすると2、「タイトルデザイナー」が起動します。

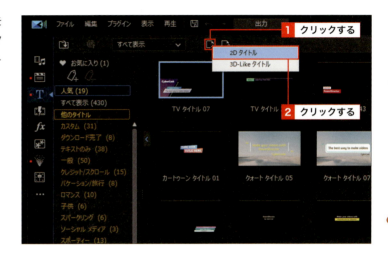

▶ タイムラインに配置したタイトル素材を選択して起動する

タイムラインにタイトルクリップを配置したあとでもタイトルデザイナーを起動することができます。編集したいタイトルクリップを選択し1、＜ツール＞をクリックして2、＜タイトルデザイナー＞をクリックすると3、「タイトルデザイナー」が起動します。

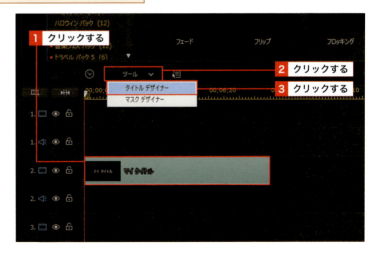

Memo テンプレートの保存

P.72〜74などの手順で作成したタイトルのデザインは、テンプレートとして保存することができます（P.67手順4参照）。タイトルデザイナーの「プリセット文字」のをクリックして展開し、をクリックすることで、作成したタイトルが「マイプリセット」に保存されます。保存したデザインのプリセットは、「プリセット文字」の「マイプリセット」からいつでも適用することができます。

3 シャドウと境界線の立体デザインタイトルを作成する

1 フォントを設定する

タイトルデザイナーを表示し、任意の文字を入力してフォントサイズを調整したあと、「フォント／段落」の▶をクリックして展開します❶。任意のフォント（ここではSec.24でインストールした「Noto Sans JP Black」）に設定し❷、色部分（フォント色の選択）をクリックして好みの色を選択します❸。

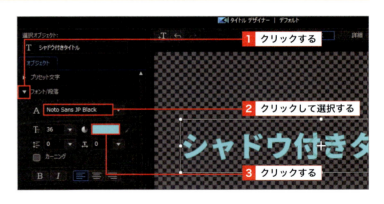

2 境界線を付ける

「境界線」にチェックを付けて展開し❶、「サイズ」の値をドラッグして「4.0」に設定します❷。「塗りつぶし種類」は「単一色」の黒に設定します。

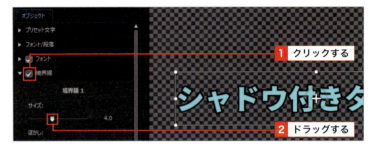

3 シャドウをかける

「シャドウ」にチェックを付けて展開し❶、「距離」の値をドラッグして「4.0」に設定します❷。「シャドウ塗りつぶし」にチェックを付け❸、シャドウカラーを黒に設定します❹。設定を終えたら＜OK＞をクリックします。

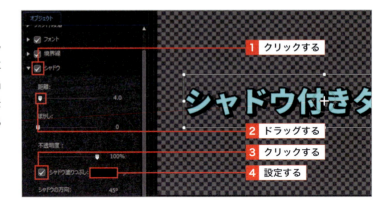

Memo カラーピッカー

「カラー」画面で色を選択する際、＜画面から選択＞をクリックするとカラーピッカーが起動し、右側のウィンドウから好みの色を直感的に指定することができます。

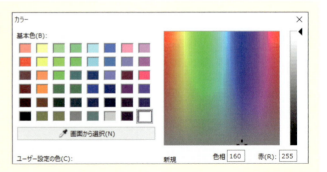

4 フォントをグラデーション加工したデザインタイトルを作成する

1 フォントを設定する

タイトルデザイナーを表示し、任意の文字を入力してフォントサイズを調整したあと、「フォント／段落」の▶をクリックして展開します❶。任意のフォント(ここではSec.24でインストールした「Noto Sans JP Black」)に設定します❷。

2 グラデーションをかける

「フォント」にチェックが付いていることを確認して展開します❶。「塗りつぶし種類」を「グラデーションカラー」に変更します❷。「グラデーションの分岐」の右側のカラーをダブルクリックし、ここでは黄色を設定します❸。続けて「グラデーションの分岐」の左側のカラーをダブルクリックし、ここではピンク色を設定します❹。

3 境界線を付ける

「境界線」にチェックを付けて展開し❶、「サイズ」をドラッグして「4.0」に設定します❷。「塗りつぶし種類」を「単一色」に設定し❸、「単一色」のカラー(境界線の色を選択)をクリックし、ここでは白色を設定します❹。設定を終えたら<OK>をクリックします。

5 境界線をグラデーション加工したデザインタイトルを作成する

1 フォントを設定する

タイトルデザイナーを表示し、任意の文字を入力してフォントサイズを調整したあと、「フォント／段落」の▶をクリックして展開します❶。任意のフォント(ここではSec.24でインストールした「Noto Sans JP Black」)に設定します❷。

2 境界線を付ける

「境界線」にチェックを付けて展開し❶、「サイズ」の値をドラッグして「4」前後に❷、「ぼかし」の値をドラッグして「4」を前後に設定します❸。

3 境界線に色を付ける

「塗りつぶし種類」を「グラデーションカラー」に変更します❶。「グラデーションの分岐」の右側のカラーをダブルクリックし、ここではピンク色を設定します❷。続けて「グラデーションの分岐」の左側のカラーをダブルクリックし、ここでは水色を設定します❸。設定を終えたら＜OK＞をクリックします。

6 各種デザインの実例

ここでは、P.72〜74の方法で作成したタイトルデザインの実例を紹介します。フォントや色、そのほかの項目の設定を変更するだけで雰囲気が変わるため、さまざまな設定を試して自分好みのデザインを作ってみてください。

▶ シャドウと境界線の立体デザインタイトル実例

境界線とシャドウの色が黒いため、彩度の高い色であればフォントの色を何色にしても見やすくなるのが大きな特徴です。複数の人が動画に登場する場合、それぞれの人に合わせてカラーを変えることで誰が話しているのかがわかりやすくなります。少し黒が重たいと感じるのであれば、シャドウの距離を短くしたりぼかしの強度を上げたりしてテロップの印象を変えることができます。

▶ フォントをグラデーション加工したデザイン実例

色彩的に相性のよい2色（類似色など）でグラデーションをかけるのがおすすめです。ここではグラデーションのテロップを見やすくするために、白い境界線を合わせています。なお、白い境界線とはあまり相性がよくない「明るい映像」とテロップを合わせる場合は、黒のシャドウを付けることで視認性が増します。

▶ 境界線をグラデーション加工したデザイン実例

淡い色のグラデーションをかけて明るいテロップに仕上げているため、暗い映像とよく合います。逆に明るい映像と合わせるとテロップが見えにくくなってしまうため注意が必要です。明るい映像と合わせる場合、テロップを見せるときだけ映像の不透明度を下げれば、テロップを際立たせることができます。

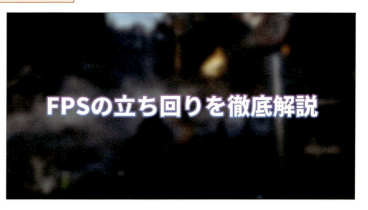

Section

第4章： タイトルやテロップを加えよう

26 タイトルを調整しよう

覚えておきたいキーワード

\# 表示時間
\# 表示位置
\# TVセーフゾーン

タイトルが作成できたら、表示時間や表示位置を調整しましょう。表示時間と表示位置をバランスよく調整することで、視聴者にとって見やすいタイトルに仕上がります。

1 タイトルの表示時間を変更する

1 所要時間を開く

タイムラインに配置している表示時間を変更したいタイトルをクリックして選択し1、右クリックして2、＜所要時間＞をクリックします3。

2 表示時間を設定する

▲ ▼をクリック1、またはタイムコードにタイトルを表示したい時間を直接入力し、＜OK＞をクリックすると2、タイトルの表示時間が変更されます。

Memo マウスドラッグで時間を変更する

タイトルクリップを選択した状態で始点か終点の位置にカーソルを合わせると、カーソルが のアイコンに変わります。このアイコンになったときに左右にドラッグすると、直感的に表示時間の長さを調整することができます。

2 タイトルの表示位置を変更する

1 タイトルデザイナーを開く

タイムラインに配置している素材をクリックして選択し①、＜ツール＞をクリックして②、＜タイトルデザイナー＞をクリックします③。

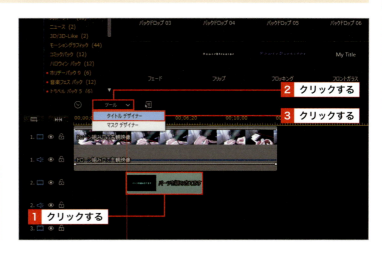

> **Hint　ダブルクリックでタイトルデザイナーを開く**
>
> タイムラインに配置したタイトルクリップをダブルクリックすることでも、タイトルデザイナーを起動できます。

2 表示位置を調整する

「タイトルデザイナー」画面が表示されます。タイトルの枠にマウスカーソルを合わせてドラッグし、タイトルを移動します①。＜OK＞をクリックすると②、表示されるタイトルの位置が変更されます。

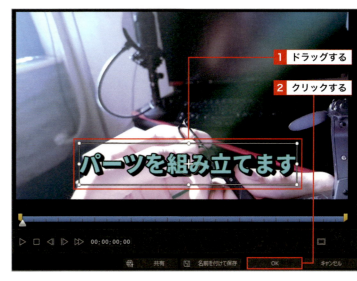

> **Step up　TVセーフゾーンをオンにする**
>
> TVセーフゾーンとは、テロップなどの重要な画面情報を収めるべき範囲のことです。YouTubeの動画も、画面の端にタイトルや字幕配置すると見にくくなってしまうため、このTVセーフゾーン内に収めるようにするのがポイントです。PowerDirectorでは、プレビューの設定でTVセーフゾーンを視認化できる機能が備わっています。画面右上の⚙をクリックして「基本設定」画面を表示し、＜表示＞をクリックします。「TVセーフゾーン」にチェックを付けると、TVセーフゾーンの表示がオンになり、プレビューウィンドウに点線の枠が現れます。

Section 第4章：タイトルやテロップを加えよう

27 タイトルを アニメーションさせよう

覚えておきたいキーワード
タイトルデザイナー
詳細の編集モード
キーフレーム

タイトルを動かすには、キーフレームという機能を使用します。キーフレームは「区切りとなるデータ」のことで、時間経過によりサイズや位置といったパラメータのデータに変化を加えてタイトルを動かすことができます。

1 タイトルが移動するキーフレームアニメーションを作成する

1 編集モードを切り替える

P.71のタイトルデザイナーを起動する2つ目の方法を参考にタイトルデザイナーを表示し、画面上部の＜詳細＞をクリックして「詳細」の編集モードに切り替えます1。

2 1つ目のキーフレームを追加する

タイトルデザイナー内のタイムラインにある■を左端（始点）にドラッグします1。「位置」のパラメータにある◆（現在のキーフレームを追加／削除）をクリックします2。

Key Word キーフレーム

キーフレームとは、時間経過によりパラメータを変更することができる機能です。この機能を適切に使うことで、タイトル素材が画面上を移動したり、画像がズームしたりするアニメーションを作成することができます。パラメータの数値を細かく調整する場合は、「オブジェクトの設定」から数値を入力します。また、キーフレーム機能はタイトル素材だけでなく、画像や動画素材にも同じように使用することができます。キーフレームを追加した際にタイムラインの幅が狭くて見えづらい場合は、タイムライン下にあるスライダーを左右にドラッグして拡大（縮小）して調整します。

3 タイトルの位置を移動する

P.78手順 2 で追加したキーフレームが赤く表示されている（選択されている）ことを確認し❶、タイトルをドラッグしてアニメーションし始める位置に移動させます❷。

4 2つ目のキーフレームを追加する

タイムラインコードを確認しながら、■を「00;00;01;00」の位置までドラッグします❶。「位置」のパラメータにある■（現在のキーフレームを追加／削除）をクリックします❷。

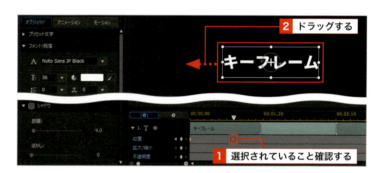

5 タイトルの位置を移動する

手順 4 で追加したキーフレームが赤く表示されている（選択されている）ことを確認し❶、タイトルをドラッグしてアニメーションが終了する位置に移動させます❷。

6 イーズインを設定する

手順 4 で追加したキーフレームが赤く表示されている（選択されている）ことを確認し❶、「オブジェクトの設定」の▶をクリックして展開します❷。「イーズイン」にチェックを付け❸、数値をドラッグして「1.00」に設定します❹。プレビューウィンドウのタイムラインスライダーを0秒まで戻してから▶をクリックすると、タイトルのアニメーションを確認できます。設定を終えたら＜OK＞をクリックします。

Key Word　イーズイン

イーズインは、キーフレームによるアニメーションに緩急を付ける機能の1つです。任意のキーフレームにイーズインを設定すると、そのキーフレームより前方にあるキーフレームからのアニメーションに緩急（だんだんゆっくりになる）が付けられます。前方にキーフレームがない場合、イーズインは設定できません。

2 タイトルがズームインするアニメーションを作成する

1 編集モードを切り替える

P.78手順 1 を参考に、タイトルデザイナーを「詳細」の編集モードに切り替えます。タイトルデザイナー内のタイムラインにある ▼ を左端（始点）にドラッグします 1 。

2 1つ目のキーフレームを追加する

「オブジェクトの設定」の ▶ をクリックして展開し 1 、「拡大／縮小」の ◆ （現在のキーフレームを追加／削除）をクリックします 2 。追加したキーフレームが赤く表示されていることを確認し、「幅」と「高さ」をドラッグして「0.50」に設定します 3 。

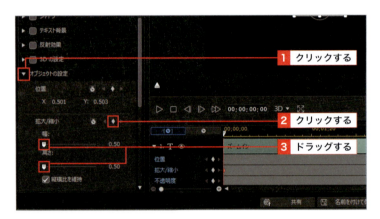

3 2つ目のキーフレームを追加する

タイムラインコードを確認しながら、▼ を「00;00;01;00」の位置までドラッグします 1 。再度「拡大／縮小」の ◆ （現在のキーフレームを追加／削除）をクリックし 2 、追加したキーフレームが赤く表示されていることを確認したら、「幅」と「高さ」をドラッグして「1.00」に設定します 3 。

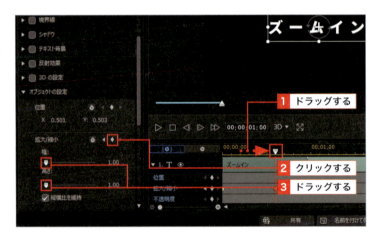

4 イーズインを設定する

アニメーションに緩急を付けたい場合は、手順 3 で作成したキーフレームをクリックして選択し、「イーズイン」にチェックを付け 1 、数値をドラッグして「1.00」に設定します 2 。▶ をクリックするとアニメーションが確認できます。設定を終えたら＜OK＞をクリックします。

3 タイトルが点滅しながら現れるアニメーションを作成する

1 「オブジェクトの設定」を展開する

P.78手順1を参考に、タイトルデザイナーを「詳細」の編集モードに切り替えます。「オブジェクトの設定」の▶をクリックして展開します1。

2 1つ目のキーフレームを追加する

タイムラインコードを確認しながら、■を「00;00;00;00」の位置までドラッグします1。「不透明度」の◆(現在のキーフレームを追加/削除)をクリックし2、「不透明度」をドラッグして「100%」に設定します3。

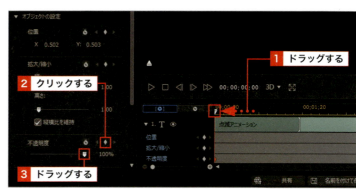

3 不透明度の異なるキーフレームを追加する

手順2と同様の操作で「00;00;00;01」にキーフレームを追加し、「不透明度」を「0%」に設定します。続けて「00;00;00;02」にキーフレームを追加し1、「不透明度」をドラッグして「100%」に設定します2。

4 不透明度の異なるキーフレームを追加する

以降も同様にして「不透明度」が「0%」と「100%」のキーフレームを交互に追加していきます1。▶をクリックすると、点滅しながら現れるアニメーションのタイトルを確認できます。設定を終えたら<OK>をクリックします。

Section 第4章：タイトルやテロップを加えよう

28 テロップや字幕を入れよう

覚えておきたいキーワード
字幕
テロップ
字幕ルーム

映像の上にテロップや字幕を入れるときは、「字幕ルーム」を使用します。字幕ルームではかんたんな字幕ナレーションを入れたり、人物のセリフを文字にして入れたりすることができます。

1 テロップや字幕を入れるメリット

テロップや字幕を入れることで、動画は格段に見やすくなります。周りの音声や声は自分では聞き取れていたとしても、他人（視聴者）からすれば聞き取りにくいことも多いためです。テロップや字幕があることで、お年寄りや耳の不自由な人でも動画を楽しんでもらえますし、移動中など音が出せない状況でも動画の内容を把握できるというのは大きなメリットになります。字幕を入れる際は、シンプルなデザインと見やすさがポイントとなります。見やすいサイズ、色、位置に気を配り、動画の邪魔にならないように入れていきましょう。

Memo 字幕とタイトルの使い分け

PowerDirectorではタイトルルームのほかに、字幕ルームで「字幕クリップ」の作成が可能です。タイトルルームで作成できるタイトルはビデオトラックに入れて使えるので、1つのシーンで好きな数だけ重ねて使用できます。アニメーションを付けたり凝ったテロップを作ったりする場合に最適ですが、1つ1つ作成するのに時間がかかってしまいます。それに対し、字幕作成に特化した字幕クリップは、シンプルな字幕・テロップ向きで、映画の字幕のような無駄のないあっさりとしたテロップをかんたんに作ることができます。凝ったテロップを作るときは「タイトルルーム」、シンプルな字幕を作るときは「字幕ルーム」と、状況に応じて使い分けるようにしましょう。

2 字幕ルームでテロップや字幕を追加する

1 字幕ルームを開く

画面左のメニューから■をクリックし
1、＜字幕ルーム＞をクリックします2。

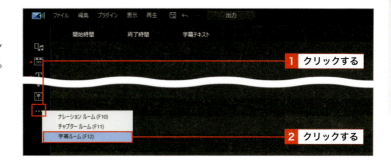

2 字幕リストを追加する

プレビューウィンドウの▶をクリックして再生します1。字幕を入れたいポイントで■をクリックして一時停止し、■をクリックします2。

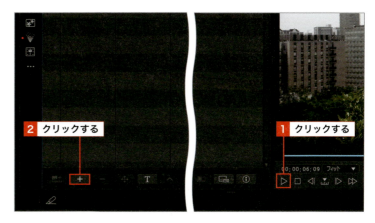

3 字幕テキストを入力する

字幕リストが追加されます。「字幕テキスト」の入力欄をダブルクリックし、任意のテキストを入力します1。入力が完了したら入力欄以外の場所をクリックします。

4 字幕テキストが追加される

動画に字幕が追加されます。

3 字幕のフォントや色を変える

1 字幕テキストを編集する

字幕リストでデザインを変えたい字幕テキストをクリックし1、Tをクリックします2。

> **Memo** 字幕は各シーンに1つずつ
> 字幕クリップを配置できる字幕トラックは1つしかないため、同じタイミングで2つ以上の字幕を配置することはできません。

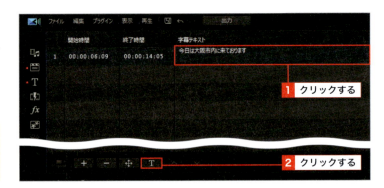

2 字幕テキストの形式を変更する

「文字」画面が表示されます。「フォント」「スタイル」「サイズ」などの項目をクリックして変更を加え1、＜OK＞をクリックします2。

3 字幕テキストの色を編集する

字幕テキストの色を変更したい場合は、手順2の画面で「カラー」の項目から「テキスト」のカラー（初期設定では白色）をクリックします1。

4 字幕テキストの色を設定する

「カラー」画面で任意の色（ここではオレンジ色）をクリックし1、＜OK＞をクリックします2。

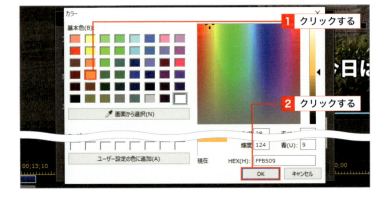

5 字幕テキストの色が変更される

<OK>をクリックすると❶、字幕テキストの色が変更されます。

> **Memo** 字幕を削除する
>
> 作成した字幕を削除したい場合は、字幕リストまたは字幕クリップをクリックし❶、■をクリックします❷。

4 再生中に複数の字幕マーカーを追加する

1 字幕マーカーを追加する

プレビューウィンドウの▶をクリックして再生し、音声を聞きながら字幕を入れたいポイントで■をクリックしていきます❶。

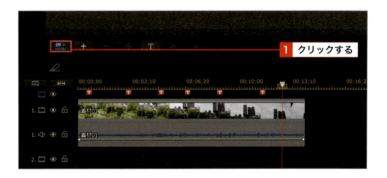

2 字幕リストが作成される

再生が完了すると、字幕マーカーを追加したタイミングの字幕リストが一気に作成されます。P.83手順❸やP.84を参考に字幕を入力／編集します。

Section 29

第4章：タイトルやテロップを加えよう

テロップや字幕を調整しよう

覚えておきたいキーワード
字幕
表示時間
表示位置

字幕クリップが作成できたら、字幕の表示時間と表示位置を調整しましょう。どちらもタイトルと同様に見やすさを意識して、バランスよく調整することがポイントです。

1 字幕が表示される時間を調整する

1 所要時間を開く

タイムライン上で表示時間を変更したい字幕クリップを右クリックし**1**、＜所要時間＞をクリックします**2**。

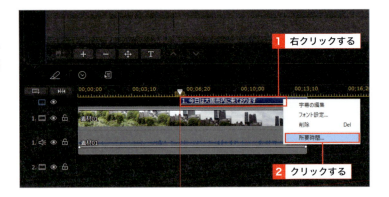

2 表示時間を設定する

▲ ▼ をクリック**1**、またはタイムコードに字幕を表示したい時間を直接入力し、＜OK＞をクリックすると**2**、字幕の表示時間が変更されます。

Step up　始点または終点をドラッグして調整する

タイムラインで表示時間を変更したい字幕クリップを右クリックし、始点または終点にカーソルを合わせて🔃をドラッグすることでも表示時間の調整が可能です。

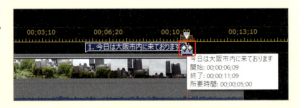

86

2 タイトルの表示位置を変更する

1 字幕位置の調整を開く

字幕ルームで位置を変えたい字幕テキストをクリックし**1**、✥をクリックします**2**。

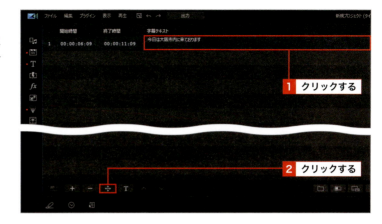

2 表示する座標位置を設定する

「位置」画面が表示されるので、「X位置」と「Y位置」の数値をドラッグして調整します**1**。✕をクリックして「位置」画面を閉じると、字幕の位置が変更されます**2**。

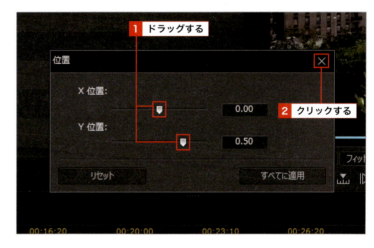

> **Hint　すべての字幕の表示位置を変更する**
>
> 画面で＜すべてに適用＞をクリックすると、動画内に追加されているすべての字幕クリップの位置が変更されます。

Memo　字幕の表示位置

「X／Y」の両座標ともに0が「中央」、値が+になると「右／下方向」、値が-になると「左／上方向」に移動します。標準では「X：0.00／Y：0.83」となっており、これ以上「Yの座標位置」が下になると見えにくくなる恐れがあります。

Step up　YouTube Studioで字幕を生成する

一度YouTubeにアップロードした動画の内容を修正したい場合、基本的には動画を再編集してアップロードし直す必要があります。しかし、「YouTube Studio」（第8章参照）というツールを使用すれば、字幕をあとから自動で生成したり、手動で修正を加えたりすることができます。

Section 30　第4章：タイトルやテロップを加えよう

動画にワイプを入れよう

覚えておきたいキーワード
PiPオブジェクトの編集
PiPデザイナー
ワイプ

ここでは、テレビ番組などでよくある画面の右下に人物の映像や画像などを配置する「ワイプ」の作り方を解説します。ワイプの作成には、合成する映像・画像の大きさや位置を調整できる「PiPデザイナー」を使用します。

1 PiPデザイナーでワイプ画像を配置する

1 ビデオオーバーレイルームを開く

画面左のメニューから■をクリックし**1**、ビデオオーバーレイ（PiPオブジェクト）ルームを表示します。■をクリックします**2**。

2 ワイプ画像を選択する

ワイプとして配置したい画像をクリックして選択し**1**、＜開く＞をクリックします**2**。

3 画像のサイズや位置を調整する

PiPデザイナーが起動します。画像（PiPオブジェクト）の四隅にある■をドラッグしてサイズを変更し、ドラッグして位置を調整します**1**。

88

4 PiPオブジェクトを保存する

大きさと位置が調整できたら手順3の画面で＜名前を付けて保存＞をクリックし、任意の名前を入力して1、＜OK＞をクリックします2。

5 タイムラインに追加する

手順4で保存したPiPオブジェクトをクリックし、タイムライン上の任意のトラックにドラッグ＆ドロップします1。

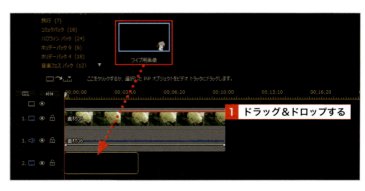

6 タイムラインに配置される

PiPクリップとしてタイムラインに配置されます。

Step up　ゲーム実況などでよくあるワイプ動画の重ね方

ゲーム実況などでよく見る「ゲーム画面」と「自分のワイプ動画」を合成する場合は、2つのトラックを使って2つの素材を重ねます。やり方としては、まずゲーム動画をビデオ／オーディオトラック1に配置し、ワイプ動画をビデオ／オーディオトラック2にタイミングを合わせて配置します。続いて、ワイプ動画をダブルクリックしてPiPデザイナーを開き、位置とサイズを調整すると、ゲーム画面にワイプ動画を表示できます。

Section 31　第4章：タイトルやテロップを加えよう

動画に静止画を配置しよう

覚えておきたいキーワード
動画に写真を挿入
画像クリップの配置
画像クリップの編集

PowerDirectorでは、あらかじめパソコンに取り込んでおいた写真やロゴ画像などの静止画を配置することができます。ここではロゴ画像を読み込み、動画の冒頭や区切りの部分などに配置・編集する方法を解説します。

1 動画にロゴ画像を配置する

1 ロゴ画像を読み込む

P.42～43を参考にメディアルームにあらじかじめ用意しておいたロゴ画像を読み込み、ドラッグ＆ドロップでビデオトラック2に配置します❶。

Memo　画像クリップはビデオトラックに配置する

画像クリップはビデオトラックに配置して使用します。動画と違い画像には音声がないため、オーディオトラックは使用しません。動画と重ねて画像を表示したい場合は、動画よりも前面にあるビデオトラックに配置します。

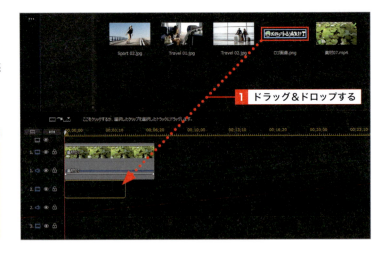

2 所要時間を開く

配置した画像クリップをクリックし❶、◎をクリックします❷。

Memo　写真やロゴを挿入するメリット

主動画とは別の場面や物を説明するときには、あえて動かない写真を挿入するといった使い分けも1つの手です。動画と写真を使い分けることで、静止画のシーンでは別の場面を説明しているのだと視聴者が理解しやすくなります。また、子どもの表情をとらえたポートレート写真やかわいらしいペットの写真を使用するのもおすすめです。さらに、動画の冒頭や区切りの部分、あるいは動画の終わりに自分のチャンネルのロゴ画像を配置すると、動画をかっこよく見せたりアクセントを付けたりする効果があります。目的に応じて、動画と写真を組み合わせて動画を見やすく仕上げましょう。

3 表示時間を設定する

▲ ▼をクリック1、またはタイムコードにロゴ画像を表示したい時間を直接入力し、＜OK＞をクリックすると2、画像クリップの表示時間が変更されます。

4 ロゴ画像が配置される

ロゴが動画内に配置されます。

2 画像クリップを編集する

1 PiPデザイナーを開く

タイムラインに配置した画像クリップをクリックし1、＜ツール＞をクリックして2、＜PiPデザイナー＞をクリックします3。

2 画像のサイズや位置を調整する

PiPデザイナーが起動します。画像（PiPオブジェクト）の四隅にある■をドラッグしてサイズを変更し、ドラッグして位置を調整します1。

> **Memo 編集モードを切り替える**
>
> タイトルデザイナー同様、PiPデザイナーも「詳細」の編集モードを利用できます（P.66のStepup参照）。

3 境界線を付ける

画像に境界線を付けたい場合は「境界線」にチェックを付けて❶、色を決めたりサイズなどの値を調整したりします。

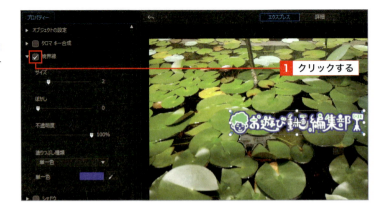

4 シャドウを付ける

画像にシャドウを付けたい場合は「シャドウ」にチェックを付けて❶、色を決めたり距離やぼかしなどの値を調整したりします。

5 フェードを設定する

画像が徐々に現れる「フェード」を設定したい場合は「フェード」にチェックを付けて❶、「フェードインを有効にする」「フェードアウトを有効にする」にチェックを付けます。

> **Memo** PowerPointなどで図を作成する
>
> 動画編集ソフトでは作成しにくい図などを利用した画像は、MicrosoftのPowerPointなどで作成するのがおすすめです。PowerPointで作った図などを1つの静止画として保存し、PowerDirectorに取り込んで使用することで、動画のクオリティを上げることができます。

第 5 章

動画をきれいにしよう

Section 32　タイムラインのトラックについて確認しよう
Section 33　切り替え効果で動画をきれいにつなげよう
Section 34　特殊効果を設定しよう
Section 35　手ブレやゆがみを補正して見やすくしよう
Section 36　明るさや色を調整して見やすくしよう

Section 第5章：動画をきれいにしよう

32 タイムラインのトラックについて確認しよう

覚えておきたいキーワード
\# トラック
\# 切り替え効果
\# 特殊効果

タイムラインにある「トラック」には、動画、画像、音楽などのクリップを配置する役割があります。また、切り替え効果（トランジション）や特殊効果（エフェクト）、字幕の追加もトラック上で行います。

1 トラックとは

トラックは画像・動画・音楽などの素材（クリップ）を入れて動画を作るための入れ物です。各トラックの名称と役割はP.51を参照してください。各トラックはそれぞれ分離して修正することができるため、たとえばBGMだけを差し替えたい場合はそのオーディオトラックだけを修正すれば、ほかのトラックに手を加える必要はありません。

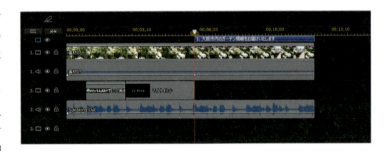

▶ 複数のトラックを使って素材を重ねる

トラックは画像編集ソフトのレイヤーのようなもので、トラックの数だけ一度に複数の素材を重ねることができます。また、視覚的な要素であるビデオトラックとエフェクトトラックについては、トラックの数字が大きくなるにつれて（初期設定では下にいくほど）前面に重なっていきます。ただし、字幕トラックだけは常にいちばん上にありますが、必ず最前面に表示されるという特徴があります。トラックが上にいくほど前面に表示されるようにしたい場合は、画面右上の⚙→＜編集＞の順にクリックし、「タイムラインのトラックを逆順にする（最後＝トラック1）」にチェックを付けることで、タイムラインのトラックの並びを逆順にできます。

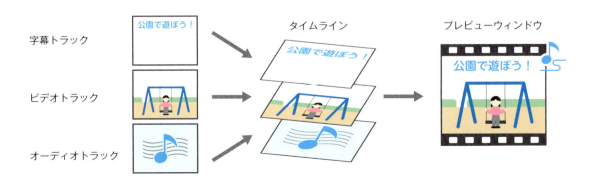

2 トラックのボタン

各トラックには目マークと鍵マークのボタンが付いています。クリックすることでトラックの有効化／無効化、トラックのロック／ロック解除が行えます。

❶	トラックの 有効化／無効化	クリックして目マークをオフにするとそのトラックが非表示になり、プレビュー時や動画出力時に、そのトラックに配置したクリップが表示されなくなります。
❷	トラックの ロック／ロック解除	クリックして鍵をかけると、そのトラック全体にロックがかかり、配置したクリップの選択や編集を行えなくなります。これは誤編集を防ぐ目的の機能です。

3 動画に加えることのできる演出効果

▶ 切り替え効果／トランジション

場面が変わるときなどに切り替え効果を入れることができます（Sec.33参照）。

▶ 特殊効果／エフェクト

さまざまな視覚的な特殊効果をかけることができます（Sec.34参照）。

▶ タイトル／字幕

動画にタイトルや字幕を入れることができます（Sec.23〜29参照）。

▶ BGM／ナレーション

動画にBGMやナレーションなどの音声を入れることができます（Sec.37〜41参照）。

Section 33 切り替え効果で動画をきれいにつなげよう

第5章：動画をきれいにしよう

覚えておきたいキーワード
\# トランジション
\# 切り替え効果
\# オーバーラップ／クロス

現在の場面から別の場面に切り替わるときにアニメーションを付けて切り替える効果を「トランジション」と呼びます。トランジションをうまく活用することで、各シーンの切り替えがスムーズにつながり、動画が見やすくなります。

1 ビデオクリップの間に切り替え効果を設定する

トランジションとは、「移り変わり」や「変わり目」という意味を持ちます。動画編集においては別のシーンへ場面が切り替わる際にアニメーションを施すことを指します。PowerDirectorでは200個以上のアニメーションのトランジションを使うことができます。たとえば、「Aという場面からBという場面に徐々に映像が切り替わっていくフェード」などが一般的です。

トランジションは使いすぎると映像がくどくなってしまうため、時系列が大きく変わるときだけに使用するようにしましょう。逆に、時系列が変わらないシーンに切り替える場合は、トランジションはできるだけ使わないようにします。ここでいう「時系列が変わらない」というのは、たとえば同じシーンを複数のカメラで撮影した際に、複数のアングルを切り替えて1つのシーンを作るときなどです。映画の1シーンでカメラが切り替わるときのようなものともいえます。こういったシーンでのトランジションは映像の邪魔になってしまうため注意しましょう。

▶ フェード

▶ グリッド

▶ ページカール

2 ビデオクリップの間に切り替え効果を設定する

1 トランジションルームを開く

画面左のメニューから■をクリックし**1**、＜すべて表示＞をクリックして**2**、タイムライン上に2つの動画（画像）を横にぴったり並べた状態で「トランジションルーム」を表示します。

2 切り替え効果を選択する

任意の切り替え効果（ここでは＜ワイプクロック＞）をクリックすると1、プレビューウィンドウで切り替え効果のアニメーションが表示されます2。

3 切り替え効果を追加する

設定する切り替え効果をビデオトラックのクリップとクリップの境目にドラッグ＆ドロップすると1、切り替え効果が適用されます。

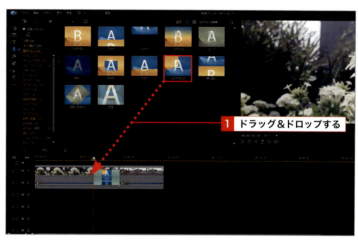

Step up｜トランジションに適切な効果音を合わせるとクオリティが上がる

「ページカール」であればページをめくる効果音など、トランジションの動きに合った自然な効果音を追加（Sec.39参照）すると、動画のクオリティが上がります。

4 切り替え効果を確認する

を切り替え効果の前までドラッグし1、プレビューウィンドウの をクリックすると2、適用した切り替え効果を確認できます。

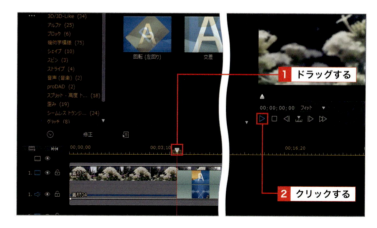

Memo｜画像やタイトルクリップにも適用可能

トランジションルームにあるトランジションは、ビデオクリップ以外にも画像クリップやタイトルルームで作成できるタイトルクリップにも適用することができます。

Step up｜1つのビデオクリップに切り替え効果を設定する

切り替え効果は2つのビデオクリップの間だけではなく、1つのビデオクリップの始まり部分、または終わり部分に設定することもできます。単一クリップの始まり部分（カットイン）に使われる切り替え効果のことを「プレフィックス」と呼び、徐々にシーンが現れてくる効果を設定できます。逆に単一クリップの終わり部分（カットアウト）に使われる切り替え効果のことを「ポストフィックス」と呼び、徐々にシーンが消えていく効果を設定できます。

97

3 切り替え効果の設定を変更する

1 切り替え効果をダブルクリックする

タイムライン上の切り替え効果（ここでは＜ワイプクロック＞）をダブルクリックします1。

> **Memo 切り替え効果の設定項目**
>
> 設定できる項目は、切り替え効果の種類によって異なります。たとえばトランジション動作に方向の概念があるものは方向のパラメータがありますが、方向の概念がない場合は方向のパラメータがありません。

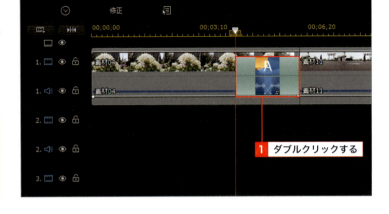

2 オーバーラップ/クロスを切り替える

「トランジションの設定」画面が表示されます。「使用するトランジション動作を選択」で、＜クロス＞をクリックします1。

> **Memo 所要時間を設定する**
>
> 「所要時間」では、数値を直接入力したりタイムラインのスライダーをドラッグしたりすることで、所要時間を調整できます。

3 オーバーラップ/クロスが切り替わる

「オーバーラップ」から「クロス」に切り替わります。

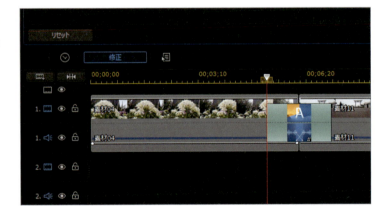

> **Memo オーバーラップとクロスの違い**
>
> 2つのビデオクリップをトランジションさせる動作として、「オーバーラップ」と「クロス」の2つの種類があります。「オーバーラップ」は映像を重ねながら場面を切り替えるため、見た目的にもきれいにトランジションさせることができますが、所要時間の半分の時間分は必ず左にビデオクリップが詰められて全体の時間が短くなる点に注意が必要です。対する「クロス」は所要時間の半分は止まった映像としてトランジションさせるため、ビデオクリップが一切ずれず場面切り替えを行うことができます。

4 切り替え効果を削除する

1 削除する切り替え効果を選択する

削除したい切り替え効果をクリックして選択し**1**、**目**をクリックして**2**、＜削除＞をクリックします**3**。

2 切り替え効果が削除される

切り替え効果が削除されます。

> **Memo** 切り替え効果削除の取り消しをする
>
> 切り替え効果の削除を取り消した直後にもとに戻すには、メニューバーの⬅をクリックします。

Step up すべてのビデオクリップにトランジションを設定する

トランジションは、選択したトラック内にあるすべてのビデオクリップに一括で設定することもできます。まずカットし終わったビデオクリップを並べ、トランジションを適用したいトラックが選択されている（ほかのトラックよりも暗くなっている）状態にします。任意の切り替え効果をクリックして▓⌒▓をクリックしたら、4つの中から任意のトランジション動作をクリックします。「クロストランジション」と「オーバーラップトランジション」は、2つのビデオクリップが並んでいるすべての部分に適用されますが、「プレフィックストランジション（前）」「ポストフィックストランジション（後）」は並びに関係なくすべての単一クリップに適用されます。

Section ▶

第5章：動画をきれいにしよう

34 特殊効果を設定しよう

覚えておきたいキーワード
エフェクト
特殊効果
エフェクトルーム

PowerDirectorでは「エフェクトルーム」からエフェクトを追加し、映像に特殊効果を加えられます。たとえば、白黒やセピア調の特殊効果を施し、その映像が過去の回想であることを印象付けるなどという使い方ができます。

1 特殊効果とは

「特殊効果」（エフェクト）とは、コンピュータグラフィックス（CG）を使って映像に特殊な視覚効果を施す処理のことを指します。PowerDirectorの「エフェクトルーム」には約200種類の特殊効果が用意されており、ビデオクリップにかんたんに特殊効果を加えることができます。なお、PowerDirectorの上位のパッケージほど使用できるエフェクトの数が多くなっています。特殊効果は動画編集の中でも映像に与える影響が大きいため、くどくなりすぎないように自然に活用してみましょう。

▶ カラーペイント

▶ ブルーム

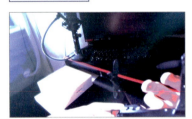

▶ X線

▶ レンズフレア

▶ 白黒

▶ エッジ

📝 Memo　特殊効果を重ねるとパソコンに負荷がかかる

特殊効果はビデオクリップに重ねて使用します。複数の特殊効果を重ねることでビデオクリップに複数のエフェクトを個別適用することができますが、エフェクトの数が増えるだけ編集時にパソコンに負荷がかかってしまいます。視聴のしやすさはもちろん、処理の重さにも考慮しつつ、適切な演出を心がけて特殊効果を使用しましょう。

2 エフェクトルームでセピア調の特殊効果を追加する

1 エフェクトルームを開く

画面左のメニューから fx をクリックし １、「エフェクトルーム」を表示します。エフェクトルーム右上の＜ライブラリーの検索＞をクリックします ２。

2 特殊効果を検索する

ここでは例として「古い映画」と入力すると １、「古い映画」に該当する特殊効果が絞り込まれます。

> **Memo 特殊効果のジャンルを選択する**
>
> 切り替え効果と同様に、特殊効果も左のメニューから任意のジャンルを選択して追加することができます。なお、「ブレンドエフェクト」のみほかのエフェクトとは適用方法が異なります。

3 特殊効果を追加する

「古い映画」の特殊効果を設定したいビデオクリップにドラッグ＆ドロップすると １、ビデオクリップに「古い映画」の特殊効果が個別適用されます。

> **Step up エフェクトトラックに特殊効果を設定する**
>
> 手順 2 のあとに設定したい特殊効果をクリックし、 fx をクリックすると、自動でエフェクトトラックが用意され、その中に特殊効果が追加されます。エフェクトトラックに入っている特殊効果は、そのトラックよりも背面にあるすべての映像トラックに対して特殊効果が適用されます。

3 特殊効果の設定を変更する（一例）

1 エフェクトの設定を開く

特殊効果を適用したビデオクリップをクリックし■、＜エフェクト＞をクリックします■。

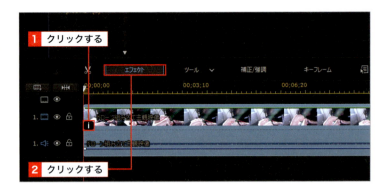

2 カラー画面を開く

「エフェクトの設定」画面が表示されます。「フォント色」のカラー（色の設定）をクリックします■。ここで設定できる項目はエフェクトにより異なります。

3 特殊効果の色を設定する

「カラー」画面が表示されます。任意の色をクリックし■、＜OK＞をクリックすると■、特殊効果の色が変更されます。調整が完了したら■をクリックして画面を閉じます。

Memo　特殊効果のパラメータ変更とリセット

特殊効果の種類によって、設定できる項目（パラメータ）が異なります。「エフェクトの設定」では、画面右下の＜リセット＞をクリックすると、標準のパラメータ設定に戻すことができます。

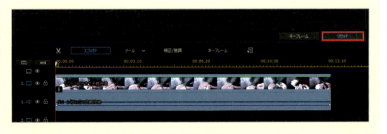

4 特殊効果の有効／無効を切り替える

1 エフェクトの設定を開く

P.102手順 2 の画面を表示し、エフェクト名のチェックをクリックします 1 。

2 特殊効果が無効になる

チェックが外れると「エフェクトの設定」のパラメータがグレーになり、特殊効果が無効になります。

5 特殊効果を入れ替える

1 特殊効果を入れ替える

複数の特殊効果を設定した場合、P.102手順 2 の画面で任意の特殊効果名をクリックし 1 、 ∧ ∨ をクリックすると 2 、順番を入れ替えることができます。なお、下のものほど特殊効果が前面に上書き適用されます。

> **Memo** 特殊効果を削除する
>
> ━をクリックすると、個別に適用されたエフェクトを削除することができます。

第5章 : 動画をきれいにしよう

Section 35 手ブレやゆがみを補正して見やすくしよう

覚えておきたいキーワード
\# 映像の補正
\# 手ブレ補正
\# レンズ補正

手持ち撮影や歩きながらの撮影では手ブレが起こりやすく、見ている人が酔いやすい映像になってしまいます。PowerDirectorでは、手ブレ補正機能のほか、ゆがみや光量など撮影時の問題を補正する機能が備わっています。

1 手ブレ補正を利用する

1 アクションカメラセンターを開く

手ブレを補正したいビデオクリップをクリックし①、＜ツール＞をクリックして②、＜アクションカメラセンター＞をクリックします③。

2 手ブレ補正を適用する

「アクションカメラセンター」画面が表示されます。「ビデオスタビライザー（手ぶれ補正）」にチェックを付け①、▶をクリックして展開します②。「回転ブレ補正」にチェックを付け③、＜OK＞をクリックすると、ビデオクリップに手ブレ補正が適用されます。

Memo 「回転ブレ補正」と「拡張スタビライザー」

PowerDirectorの手ブレ補正には、2段階の補正機能があります。カメラが左右に回転して生じたブレ（通常の手ブレ）には「回転ブレ補正」が最適です。もう1つの補正機能である「拡張スタビライザー（手ぶれ補正）を使う」では、より高度な処理により動画の手ブレを改善します。とくに後者では高い処理能力（パソコンスペック）が必要となるため、撮影した映像の手ブレ度合いやパソコン環境に応じて、最適な手段を選びましょう。

2 レンズ補正を利用する

Section 35 手ブレやゆがみを補正して見やすくしよう

1 レンズ補正を展開する

P.104手順 2 の画面で「レンズ補正」にチェックを付け 1、▶をクリックして展開します 2。

Key Word　レンズ補正

レンズ補正とは、撮影時に使用した広角レンズなどの影響で生じた動画のゆがみや光の量などを直すことを指します。

2 レンズ補正を適用する

プレビューウィンドウを確認しながら、「魚眼歪み」1「周辺光量」2「周辺光量中心点」3 をドラッグして調整します（下のMemo参照）。＜OK＞をクリックすると、ビデオクリップにレンズ補正が適用されます。

第5章 動画をきれいにしよう

Memo　設定後の補正効果

● 魚眼歪み
広角レンズで撮影された動画などで、画面の周辺部に生じる丸いゆがみを補正したり、魚眼レンズ風に加工したりすることができます（右図参照）。

● 周辺光量
周辺光量（レンズ中心部ではなく縁辺部の明るさのこと）の光量における補正レベルを調整します。

● 周辺光量中心点
光量の補正が適用される範囲を調整します。「周辺光量」が1の値以上でアクティブになります。

105

Section ▶ 第5章 : 動画をきれいにしよう

36 明るさや色を調整して見やすくしよう

覚えておきたいキーワード
\# 明るさ調整
\# ホワイトバランス
\# カラーマッチ

室内や逆光での撮影は、カメラ設定を適切に行わないと画面全体、もしくは背景に対して被写体がかなり暗くなる傾向があります。また、天気の悪い日は自然光が弱く映像が暗くなるため、明るさや色調の調整を行いましょう。

1 明るさを調整する

1 補正／強調を開く

補正したい動画または画像クリップを選択し**1**、＜補正／強調＞をクリックします**2**。

2 明るさを設定する

「補正／強調」画面が表示されます。「明るさ調整」にチェックを付け**1**、スライダーをドラッグし**2**、最適な明るさに設定します。

> **Memo** 「明るさ調整」では総合的な調整を行う
>
> 「明るさ調整」では、「輝度」「コントラスト」「彩度」が総合的に調整されます。これらの項目は、「色調整」からすべて手動で調整を行うことができます。

3 明るさが調整される

強度に応じて明るさが調整されます。

> **Memo** 強度に注意する
>
> 強度を強くしすぎると映像が劣化してしまうため、注意が必要です。

2 ホワイトバランスで色調を調整する

1 色温度を設定する

「補正／強調」画面で「ホワイトバランス」にチェックを付けます❶。「色温度」のスライダーをドラッグして「10」に設定し❷、寒色系にします。

2 色かぶりを設定する

「色かぶり」のスライダーをドラッグして「40」に設定し❶、やや緑色系に設定します。

3 ホワイトバランスが調整される

2つのパラメータを使ってホワイトバランスが調整されます。

Memo 極度の逆光を補正する

逆光が強すぎる場合や映像が暗すぎる場合には、P.106手順 2 の画面で「極度の逆光」にチェックを付けます。被写体がより明るくなって強調されますが、映像も劣化しやすくなるため、強度のバランスを取りましょう。

Memo 色温度と色かぶりの調整パラメータ

「色温度」は値が大きいほど暖色系に、小さいほど寒色系に調整されます。「色かぶり」では、値が大きいほど紫色方向に、小さいほど緑色方向に調整されます。プレビューウィンドウを見ながら、2つのスライダーで色味を調整しましょう。なお、色の調整の仕方によっては言葉を使わずに感情表現をすることも可能です。暖色系の色味にすると明るさや幸福感を表現し、寒色系の色味にすると落ち着きや冷たさなどの静的なイメージを表現できます。

3 カラーマッチで色味を統一する

1 カラーマッチを開く

色調を合わせたい1つ目のビデオクリップをクリックして選択し①、キーボードの Ctrl を押しながら2つ目のビデオクリップを選択したら②、＜カラーマッチ＞をクリックします③。

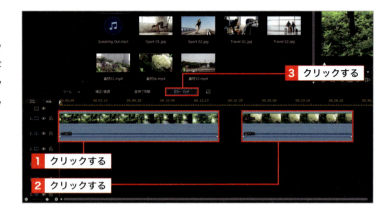

2 2つのクリップの画面が開く

左側が補正に使用する参照クリップ、右側が補正されるターゲットクリップとして表示されます①。

3 参照画面をプレビューする

左側のプレビューウィンドウ（「参照」画面）にある▶をクリックして再生し、補正に使用するシーンで⏸をクリックして一時停止します①。

4 カラーマッチを適用する

＜カラーマッチ＞をクリックすると①、右側のプレビューウィンドウ（「ターゲット」画面）の色味が、左側のプレビューウィンドウ（「参照」画面）に合わせて調整されます。

> ☀ Hint 「ターゲット」と「参照」の入れ替え
>
> 初期状態では、同じトラックにあるクリップどうしでは「右側」、別のトラックにある場合は「下側」にあるクリップがターゲットクリップになります。「ターゲット」画面と「参照」画面を入れ替えたい場合は、2つの画面の中間にある⇄をクリックします。

第 6 章

BGMやナレーションを加えよう

Section 37 オーディオクリップについて確認しよう

Section 38 BGMを追加しよう

Section 39 効果音を追加しよう

Section 40 オーディオクリップの長さを変えよう

Section 41 ナレーションを追加しよう

Section 42 音量を場面に合わせて変更しよう

Section 43 フェードイン／フェードアウトを設定しよう

第6章: BGMやナレーションを加えよう

Section 37 オーディオクリップについて確認しよう

覚えておきたいキーワード
オーディオクリップ
オーディオトラック
トリミング／分割

動画に適切なBGMを追加することで、シーンの雰囲気を変えたり大きく盛り上げたりすることができます。音声素材はBGMのほかにも、ビデオクリップの音声部分やナレーション、効果音などがあります。

1 オーディオクリップとは

編集で使用するオーディオクリップには、「音楽CDやダウンロードして取り込んだ音楽ファイル」「マイクを使って録音した音声ファイル」「動画に収録されている音声部分」の3種類があります。タイムライン（P.51参照）には音声ファイルを入れて編集するオーディオトラックが用意されています。BGM、効果音やナレーション、動画に収録されている音声部分を編集する際にオーディオトラックを使用します。

▶ タイムラインにあるオーディオトラック使用例

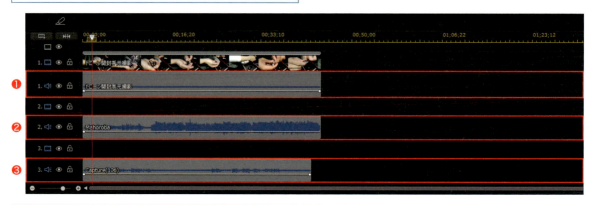

❶	オーディオトラック（動画）	ビデオトラックとリンクしており、動画に収録されている音声部分の編集が可能です。
❷	オーディオトラック（BGM）	単一のオーディオトラックを使用し、BGMの編集が可能です。
❸	オーディオトラック（ナレーション）	単一のオーディオトラックを使用し、マイクを使って録音された音声の編集が可能です。

Key Word　オーディオクリップ

BGM（音楽）やナレーション（音声）などの音声データを扱うファイル素材のことを「オーディオクリップ」といいます。すべてのオーディオクリップは、オーディオトラックに入れて編集を行います。

2 オーディオクリップを編集する

メディアルーム内に読み込んだオーディオクリップは、タイムライン上のオーディオトラックに配置したあとに編集することができます。

▶ BGMが始まるタイミングを調整する

オーディオトラックにBGM（オーディオクリップ）を配置したあと、左右にドラッグして移動させることで、BGMが始まるタイミングを自由に調整することができます（P.113参照）。

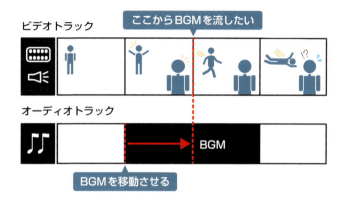

▶ BGMの長さを調整する

BGMは、1曲をそのままフルコーラスで使用する必要はありません。不要な部分をカットすることで使いたい部分だけを追加できます。オーディオトラックにオーディオクリップを配置したあと、オーディオクリップの不要な部分をトリミングしましょう（P.113下のStepup参照）。また、トリミング以外にもタイムライン上でオーディオクリップを分割し、不要な部分をカット（削除）するという編集手法もあります。

📝 Memo 著作権フリーのBGM

動画編集でBGMを使用する際は、著作権のルールに気を付けましょう。有名なアーティストの楽曲があったとして、YouTubeでは「歌ってみた」などの演奏した動画を公開することは許可されていてもCD音源の利用は許可されていないものが大半です。著作物によってどこまでの使用が許可されているかが異なるため、よくわからない場合はYouTubeでの使用が許可されている著作権フリー、およびロイヤリティフリーのBGMを探すのがおすすめです。なお、PowerDirectorのサブスクリプションプラン（PowerDirector 365）の特典の1つに、素材サイト「ShutterStock」のロイヤリティフリー素材が無料で使えるというものがあります。本来ロイヤリティフリー素材というのは、使用料金を支払って利用するものですが、サブスクリプションユーザーであればPowerDirectorのメディアルームから検索することができるものに限り、ShutterStockの素材（画像、動画、音楽）を無料で動画編集に使用することができます。無料の素材と比べて高品質なものが多いため、利用規約を確認のうえPowerDirectorのサブスクリプションプラン（PowerDirector 365）を利用してみましょう。

Section 第6章 : BGMやナレーションを加えよう

38 BGMを追加しよう

覚えておきたいキーワード
クリップ
トラック
配置／移動

BGMはオーディオクリップを移動させるだけで設定が可能で、好きなタイミングや長さに調節することができます。シーンに合った適切なタイミングでオーディオクリップを追加し、動画のクオリティを上げていきましょう。

1 オーディオトラックにオーディオクリップを配置する

1 音声ファイル一覧を開く

「メディアルーム」画面で ♪ をクリックします**1**。

2 オーディオクリップを追加する

使用するBGMを任意のトラックにドラッグ＆ドロップします**1**。

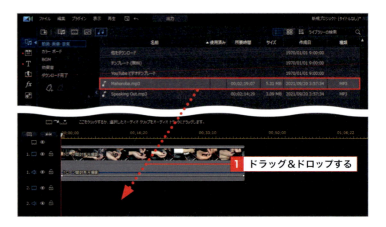

3 オーディオクリップが配置される

オーディオトラックにオーディオクリップが配置されます**1**。

2 オーディオクリップを移動する

1 オーディオクリップをドラッグする

BGMを開始したい位置までオーディオクリップをドラッグします**1**。

2 オーディオクリップが移動する

オーディオクリップが移動します**1**。

Step up　動画の映像と音声を切り離して個別に編集する

ビデオクリップを右クリックし、＜動画と音声をリンク／リンク解除＞をクリックすると、映像と音声を分離して編集することができます。音声をずらしたいときや、動画の音声部分だけを削除したいときに有効です。

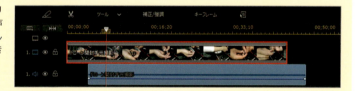

Step up　「音声のトリミング」画面でオーディオクリップをトリミングする

オーディオクリップをダブルクリックすると、「音声のトリミング」画面が表示されます。この画面では、動画のトリミング（P.55参照）と同じ要領で必要な部分だけをトリミングすることができます。トリミングしたいBGMの開始位置に■をドラッグし、■をクリックします。続けてトリミングしたいBGMの終了位置に■をドラッグし、■をクリックします。＜OK＞をクリックすると、開始位置と終了位置で設定した範囲がトリミングされます。

Section

39

第6章 : BGMやナレーションを加えよう

効果音を追加しよう

覚えておきたいキーワード
効果音
音量
タイミング

人物のしゃべるセリフやアクション（行動）に合わせた効果音を付けて、シーンを盛り上げましょう。適切な効果音を追加することで、そのシーンをおもしろく見せたり、感情をよりわかりやすく表現したりできます。

1 効果音を追加するときのポイント

YouTubeのような動画では、盛り上げる際に適切な効果音を追加するのが1つのセオリーです。セリフやアクション（行動）に合う適切な効果音を使うことで、成功や失敗、楽しさや悲しみなどの感情を表現することができます。たとえば、冗談なのか本気でいっているのかがわかりにくい場面では、「ここは冗談でいっていますよ」と伝わるようにバラエティ系の効果音を使用するなど、視聴者に状況が伝わるような表現方法として効果音が有効です。効果音を追加するときは、「効果音選び」「音量」「タイミング」の3つのポイントを意識しましょう。

▶ 効果音選び

効果音は、シーンに合った自然な効果音を選べているかが何より重要です。明るいシーンには明るい効果音、ショックなシーンには暗さを表現する効果音など、そのシーンに合った違和感のない効果音を選びましょう。

▶ 音量

動画やセリフの音量に対して効果音が大きすぎると聞く人に不快感を与えてしまうため、必ず適切な音量で設定してください。とくに迫力のある効果音はより注意が必要です。効果音の音量は大きすぎず小さすぎず、ちょうどよいバランスを取るようにしましょう。

▶ タイミング

効果音は、セリフやアクションに対して早すぎず遅すぎず自然になじむタイミングで入れると、違和感なく仕上がります。プレビューウィンドウでこまめに確認しながら編集しましょう。

> **📝 Memo 効果音の音量バランスを取るときは一般的なイヤフォンがおすすめ**
>
> 高機能なイヤフォンと標準のイヤフォンでは、高音の聞こえ方がまるで異なります。標準機能のイヤフォンを使うと不快になりにくい音量バランスにしやすいため、効果音の音量バランスを取るときは視聴者の環境に合わせて標準の一般的なイヤフォンを使うのがおすすめです。

2 効果音を追加する

1 効果音を付けたいシーンを決める

ここでは、PowerDirectorに入っている効果音をシーンに追加します。あらかじめ動画にテロップなどを付けた「効果音を追加したいシーン」を作成しておきます(ここではツッコミを入れたいタイミングでテロップを付けています)。シーンを作成したら、効果音を追加したい位置にタイムラインを移動し■、ここではトラック2のオーディオトラックをクリックします■。

> **Memo　PowerDirectorの効果音**
>
> PowerDirectorに入っている効果音は、サブスクリプションプランでのみ使用可能です。

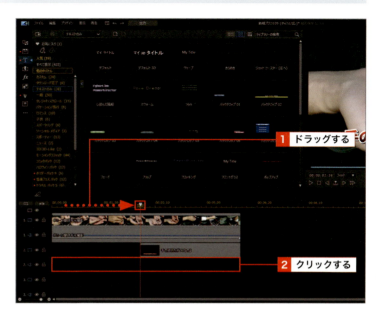

2 メディアルームの効果音を選ぶ

メディアルームを表示し、<効果音>をクリックします■。この中からシーンに合った効果音(ここでは「その他」に入っている「Biyoyon01」)を選択し、■をクリックします■。

3 ダウンロードした効果音をトラックに挿入する

ダウンロードが完了すると、■が■に変わります。■■■(選択したトラックに挿入)をクリックします■。このとき、サブスクリプション版以外のPowerDirectorを使用している場合、ロックを解除するポップアップが表示されます。ここでは<試す>をクリックします■。

4 挿入が完了する

手順■で指定した位置のオーディオトラックに効果音が追加されます■。

Section 第6章：BGMやナレーションを加えよう

40 オーディオクリップの長さを変えよう

覚えておきたいキーワード
オーディオクリップ
トリミング
長さの変更

オーディオクリップは、任意の時間に調整したり不必要な部分を削除したりする「トリミング」を行うことができます。動画の尺に合わせて、適切な長さのBGMに調節しましょう。

1 オーディオクリップをトリミングする

1 動画をプレビューする

ビデオクリップをクリックし**1**、プレビューウィンドウの▶をクリックして再生したら、BGMを挿入したいタイミングで‖をクリックして一時停止します**2**。

2 タイムラインマーカーを追加する

▼を右クリックし**1**、＜タイムラインマーカーの追加＞をクリックします**2**。

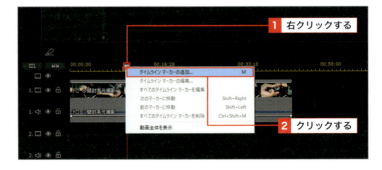

3 タイムラインマーカー名を設定する

タイムラインマーカーに任意の名前を入力し**1**、＜OK＞をクリックします**2**。

4 オーディオクリップをドラッグする

オーディオクリップをタイムラインに配置し、P.116手順 2 で追加したタイムラインマーカーの位置にドラッグします 1 。

5 タイムラインマーカーを追加する

再度ビデオクリップの再生と一時停止を行い、BGMを終わらせる位置でP.116手順 2 と同様に を右クリックして、＜タイムラインマーカーの追加＞をクリックします。任意の名前を入力し 1 、＜OK＞をクリックします 2 。

> **Memo　タイムラインマーカーを削除する**
>
> タイムラインマーカーを削除するには、削除したいタイムラインマーカーを右クリックし、＜選択したタイムラインマーカーを削除＞をクリックします。

6 オーディオクリップをドラッグする

オーディオクリップをクリックし、終点位置（右端）を手順 5 で追加したタイムラインマーカーの位置までドラッグします 1 。

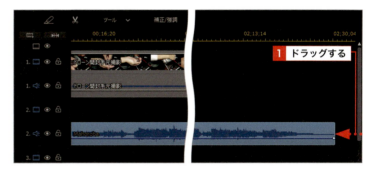

7 オーディオクリップが調節される

オーディオクリップの長さが調節され、手順 5 のタイムラインマーカーより右の部分はトリミングされます。

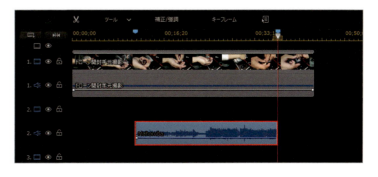

Section

第6章：BGMやナレーションを加えよう

41 ナレーションを追加しよう

覚えておきたいキーワード
ナレーション
ナレーションルーム
マイク録音

PowerDirectorにはマイク録音の機能が搭載されており、マイクさえあればかんたんに動画にナレーションを入れることができます。編集中のタイムラインの映像を見ながら、各シーンにナレーションを追加してみましょう。

1 ナレーションを録音してタイムラインに配置する

1 ナレーションルームを開く

パソコンにマイクが接続されているのを確認し、■をクリックして **1**、＜ナレーションルーム＞をクリックします **2**。

> **Memo** マイクはあらかじめ接続しておく
>
> ナレーションルームは、マイクなどの入力機器が接続されているときだけ使用することができます。あらかじめパソコンにマイクを接続し、Windows上でマイクが認識されていることを確認してからナレーション録音を行いましょう。

2 音量を決める

マイクに声を入れて音声入力レベルを確認しながら **1**、■をドラッグして音量を決定します **2**。

> **Memo** 音質の設定
>
> ナレーションを録音する前に音質の設定を行いましょう。YouTubeにアップロードする動画で推奨されている音質は次の通りです。設定を変更するには、手順 **2** の画面で＜プロファイル＞をクリックし、「属性」のプルダウンメニューから任意の設定を選択します。
> ・サンプリング周波数：96kHzまたは48kHz（48kHzが一般的）
> ・ステレオまたはステレオ+5.1

3 録音画面を開く

P.118手順 2 の画面で ■■■■ をクリックすると、録音先のトラックを選択する「ナレーション録音」画面が表示されます。任意のトラックを選択し[1]、＜OK＞をクリックします。

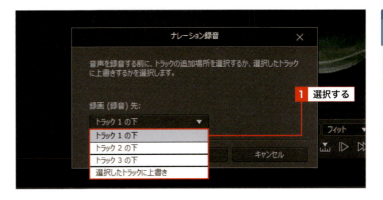

4 ナレーションを録音する

プレビューウィンドウで映像シーンを見ながら、マイクにナレーションを入れていきます。ナレーションを終えたら■■■■をクリックし[1]、録音を停止します。

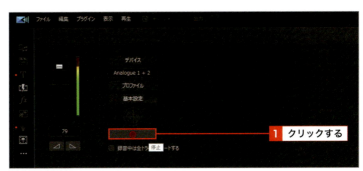

5 オーディオクリップが作成される

録音が終了し、手順 3 で指定したトラックにナレーションのオーディオクリップが作成されます[1]。作成後は自由にタイミングを調整したりトリミングすることが可能です。

Step up　ナレーションのフェードイン/フェードアウト

ナレーションルームの＜基本設定＞をクリックし、＜開始時にフェードイン＞と＜終了時にフェードアウト＞にチェックを付けてから録音すると、自動でナレーションにフェードイン/フェードアウト（P.124のKeyWord参照）が適用されます。

Memo　ファイル名を変更する

録音されたナレーションの音声ファイルは、メディアルームに「Capture」の名前で登録されます。録音したナレーション（音声ファイル）の名前を「Capture」から変更したい場合は、ファイルを右クリックして、＜別名を使う＞をクリックすると、任意の名前に変更することができます。

Section 41　ナレーションを追加しよう

第 6 章　BGMやナレーションを加えよう

119

第6章：BGMやナレーションを加えよう

Section 42 音量を場面に合わせて変更しよう

覚えておきたいキーワード
\# 音量
\# 波形
\# オーディオダッキング

タイムライン上で複数の音声を同時に扱う場合は、各音声ごとに音量バランスを調整します。音量の調整は、音声ミキシングルームを使う方法とオーディオクリップに表示されている音の波形を手動で調整する方法があります。

1 音声ミキシングルームで音量を調整する

1 音声ミキシングルームを開く

をクリックし 1、「音声ミキシングルーム」を表示します。

2 動画をプレビューする

プレビューウィンドウの をクリックし 1、再生される音声を確認します。音量を調節したいシーンで をクリックし、一時停止します。

Memo オーディオトラックの高さを広げる

オーディオクリップの音量をタイムライン上で直接調整する場合、オーディオトラックの上下間隔を広げておくと音量調節の操作がしやすくなります。トラックの高さは、左側のトラックが並ぶエリアの境界線をドラッグして変更することができます。

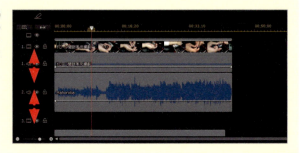

120

3 音量レベルを調整する

■をクリックして音声ミキシングルームを表示し①、音量を変えたいトラックの■を上下にドラッグすることで②、その箇所の音量レベルを設定することができます。

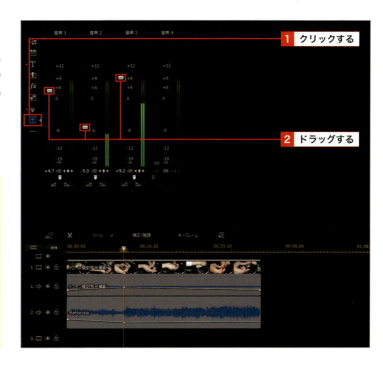

Memo 音量は折れ線で表示される

音量レベルを複数の箇所で調整すると、オーディオクリップの音量が折れ線として表示されます。線の位置が低いと音量が小さく、線の位置が高いと音量が大きく調整されていることを示しています。

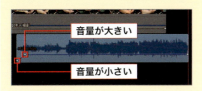

4 クリップ全体の音量レベルを調整する

手順②と③を繰り返して、タイムラインの終了位置までの音量レベルを調整します①。

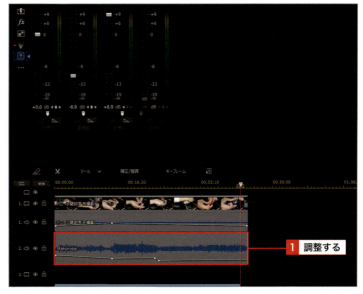

Memo 音量はキーフレームで制御される

この手順で音量を調節すると、音量というパラメータに対してキーフレームが作成されていきます。作成されたキーフレームの上下位置が高いほど、音量が大きくなっていることを示しています。

Memo 音の波形が出ない場合

オーディオトラックがミュートになっていないのにオーディオクリップに音の波形が表示されていない場合は、画面右上の■をクリックして「基本設定」を表示し、「全般」タブの中にある「タイムラインに音の波形を表示する」にチェックを付けて＜OK＞をクリックすると、音の波形が表示されるようになります。

Section 42 音量を場面に合わせて変更しよう

第6章 BGMやナレーションを加えよう

121

2 オーディオクリップで全体の音量を調整する

1 オーディオクリップを選択する

P.120手順 1 を参考に音声ミキシングルームを表示します。オーディオクリップをクリックして選択し 1 、波形内にある細い線にマウスポインターを合わせると 2 、カーソルが に変化します。

2 音量レベルを調整する

細い線をクリックしながら上下にドラッグすることで 1 、音量レベルを上げ下げできます。

Memo 波形の大きさ

手順 2 の画面で細い線を上下にドラッグすると、波形の大きさが変化し、波形の大きさが音量の大きさとして調整されます。また、波形が黄色く表示されている部分は、音量が大きすぎることがが原因でクリッピングしている（歪んでいる）箇所になります。ナレーションや動画のメインとなる音量の波形は小さくなりすぎず、かつギリギリ黄色にならないくらいの大きさに調整するのがおすすめです。

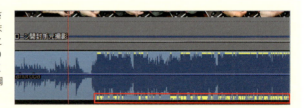

Step up フェードイン／フェードアウトを設定する

音声ミキシングルームでは、 や をクリックすることで、任意の位置にフェードイン／フェードアウトを設定することができます。詳しくはSec.43を参照してください。

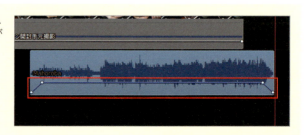

3 ナレーションや会話を聞き取りやすくする

1 オーディオダッキングツールを開く

音量を調整したいオーディオクリップをクリックして選択し①、＜ツール＞をクリックして②、＜オーディオダッキング＞をクリックします③。

Key Word　オーディオダッキング

オーディオダッキングは、音量バランスの調整を自動的に行うツールです。トラックごとの音量を検出して選択したオーディオクリップの音量を自動で上げ下げし、ほかの音声とのバランスを調整することができます。これにより動画などに含まれる会話やナレーションが聞き取りやすくなります。

2 各項目を調整する

「オーディオダッキング」画面が開いたら、下のMemoを参考に「感度」や「ダッキングレベル」などの数値を調整します①。調整が完了したら、＜OK＞をクリックします②。

3 音量が修正される

ほかのオーディオトラック（ここではトラック3）に入っているナレーションの音量に合わせて音量が適切に修正されます。音量が適切に修正されます。

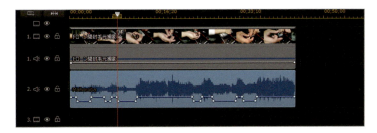

Memo　「オーディオダッキング」ツールの調整項目

手順 2 では、下記の項目を使ってオーディオダッキングの強度を調整します。
・感度：会話やナレーションを含んだ部分を検出する感度を設定します。
・ダッキングレベル：音量レベルの下げ幅を設定します。
・フェードアウト長さ：音量レベルを下げる時間（フェードアウト）を設定します。
・フェードイン長さ：音量を下げてからもとの音量に戻す（フェードイン）までの時間を設定します。

第6章：BGMやナレーションを加えよう

Section 43 フェードイン／フェードアウトを設定しよう

覚えておきたいキーワード
フェードイン
フェードアウト
クロスフェード

動画の音声部分やBGMなどのオーディオクリップには、フェードインやフェードアウトの効果を設定することができます。この設定にすることで、動画や音楽の音を途中からでも自然に流し始めたり終わらせたりできます。

1 フェードイン／フェードアウトを設定する

1 オーディオクリップの始点に合わせる

をクリックし1、「音楽ミキシングルーム」を表示します。タイムライン上でオーディオクリップを選択し、始点部分（左端）にタイムラインルーラーを合わせます2。

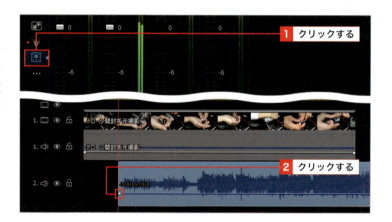

2 フェードインを設定する

該当する音声トラック（ここでは「音声2」）の をクリックします1。

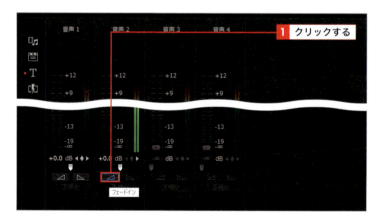

🔑 Key Word フェードイン／フェードアウト

BGMなどのオーディオクリップを無音から徐々に通常の音量に上げていくことを「フェードイン」といい、通常の音量から徐々に音量を下げて最後に無音にすることを「フェードアウト」といいます。

3 オーディオクリップの終点に合わせる

手順1のタイムラインルーラーの位置（ここでは始点）にフェードインが適用されます1。続けて、終点部分（右端）にタイムラインルーラーを合わせます2。

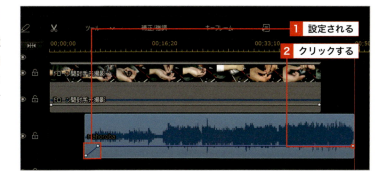

4 フェードアウトを設定する

該当する音声トラック（ここでは「音声2」）の ◢ をクリックします1。

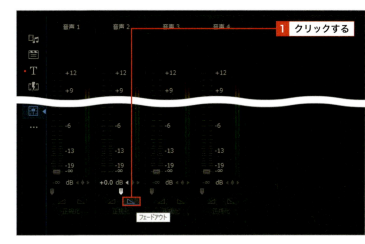

5 フェードイン／フェードアウトが適用される

フェードアウトが設定されます1。

Step up フェードイン／フェードアウトの時間を調整する

フェードの時間を調整したい場合は、手順5のあとにオーディオクリップをクリックし、＜キーフレーム＞をクリックします。続けて「音量」項目をクリックして展開し、ここでは2個目のキーフレームをドラッグすることでフェードインの時間、ここでは3個目のキーフレームをドラッグすることでフェードアウトの時間を調整できます。

2 クロスフェードを設定する

1 オーディオクリップを配置する

メディアルームのオーディオクリップを、現在のオーディオトラックに配置されているオーディオクリップの位置に重ねるようにドラッグします**1**。

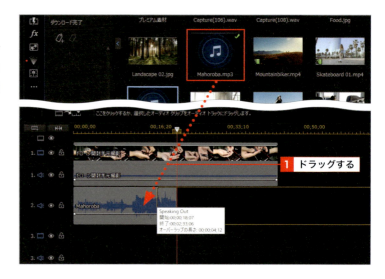

2 クロスフェードを設定する

メニューが表示されるので、＜クロスフェード＞をクリックします**1**。

3 クロスフェードが適用される

手順**1**でオーディオクリップを重ねた部分にクロスフェードが設定されます。

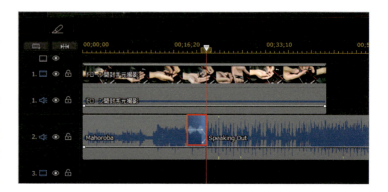

> **Memo オーディオのクロスフェード**
>
> オーディオのクロスフェードとは、先に流れているBGMをフェードアウトさせながら、次に流すBGMをフェードインさせて、自然にBGMを切り替えることです。

> **Memo クロスとオーバーラップ**
>
> トランジションには「クロス」と「オーバーラップ」があり、手順**3**で設定したクロスフェードをダブルクリックすることで表示される「トランジションの設定」画面から切り替えることができます。オーバーラップは2つのクリップが重なった状態でクロスフェードするので、重なっている分の再生時間が短くなります。クロスはクリップを重ねずにクロスフェードするので、再生時間はクロスフェード前と変わりません。

第 7 章

YouTubeに投稿しよう

Section 44　YouTube用の動画を出力しよう

Section 45　YouTubeのアカウントを取得しよう

Section 46　YouTubeの画面を確認しよう

Section 47　マイチャンネルを作成しよう

Section 48　アカウントを認証しよう

Section 49　YouTube Studioから動画を投稿しよう

Section 50　投稿した動画を確認しよう

Section

第7章 : YouTubeに投稿しよう

44 YouTube用の動画を出力しよう

覚えておきたいキーワード
出力
ファイル形式
ファイルの拡張子

PowerDirectorで編集したプロジェクトファイル (.pds) は、そのままでは再生をすることができません。動画再生ソフトで再生したりYouTubeに動画を投稿したりするために、1つの動画ファイルとして出力を行いましょう。

1 ビデオファイルを出力する

1 ＜出力＞をクリックする

メニューから＜出力＞をクリックします**1**。

2 出力先とファイル形式を選択する

4つのタブから出力先 (ここでは＜標準2D＞) をクリックし**1**、ファイル形式 (ここでは一般的な＜H.264 AVC＞) をクリックします**2**。

Memo 出力方法

出力方法は、標準2Dのほか、デバイス (スマートフォンやゲーム機用)、オンライン (YouTubeなどへ直接アップロードが可能) から選ぶことができます。ここでは、一般的な動画ファイルとして出力するために「標準2D」による「H.264」のファイル形式で保存します。

3 ファイルの拡張子を選択する

「ファイルの拡張子」の▼をクリックして展開し、一般的な動画拡張子である＜MP4＞をクリックします**1**。

128

4 画質を選択する

「プロファイル名／画質」の▼をクリックして展開し、一般的なフルHD画質の＜MPEG-4 1920×1080/30p (16Mbps)＞をクリックします❶。

> **Memo　プロファイル名／画質の選択**
>
> 「プロファイル名／画質」のプリセットでは、「解像度」（画質の細かさ）と「フレームレート＝p」（1秒あたりのフレーム数）を指定します。いずれも数値が大きいほど高画質（解像度の値）でなめらか（フレームレートの値）な動画になりますが、ファイルサイズは大きくなります。なお、これらの値を大きくしたとしても編集元の動画以上の画質になることはありません。

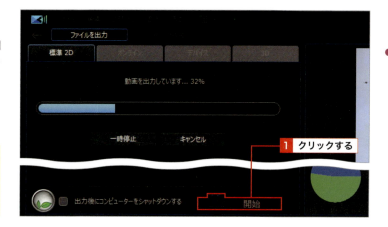

5 出力を開始する

＜開始＞をクリックすると❶、出力が開始され、出力処理中は進捗状況が表示されます。

> **Memo　保存先の指定**
>
> ＜開始＞をクリックする前に、プレビューウィンドウ下の「書き出しフォルダー」の…をクリックすることで、任意の保存先に変更できます。

6 出力が完了する

出力が完了すると、体験版の場合は「完了しました。」画面が表示されるので、＜ミッションセンターに戻る＞→☒→☒の順にをクリックして閉じます。＜ファイルの場所を開く＞をクリックすると❶、保存先が表示されます。

> **Memo　サンプリング周波数はファイル形式で固定**
>
> PowerDirectorでは、出力時の設定でサンプリング周波数を手動で変更することはできません。「H.264 AVC」などの一般的なファイル出力形式では音声のサンプリング周波数は48.000Hzで出力されますが、手順 2 で＜Windows Media＞を選択して出力した場合のみ44.100Hzで出力されます。編集に使用している音声素材の周波数と出力時の周波数の値が異なると、編集時と出力時で時間経過による音ズレを引き起こす可能性があります。そのため、「歌ってみた」などの動画を作成する際は、音声素材の周波数（44.100Hz／48.000Hz）に合わせて適切な出力形式を選びましょう。

Section 第7章：YouTubeに投稿しよう

45 YouTubeのアカウントを取得しよう

覚えておきたいキーワード
Googleアカウント
YouTubeのアカウント
ログイン／ログアウト

YouTubeに動画を投稿するために、YouTubeのアカウントを取得しましょう。まずはじめにGoogleアカウントを作成することで、YouTubeのアカウントも取得することができます。

1 Googleアカウントを作成する

1 ＜アカウント＞をクリックする

WebブラウザでGoogleのサイト（https://www.google.co.jp/）にアクセスし、画面右上の⋮⋮⋮をクリックして**1**、＜アカウント＞をクリックします**2**。すでにアカウントがある場合は、P.131手順**1**を参考にYouTubeにログインします。

2 ＜アカウントを作成する＞をクリックする

「Googleアカウント」画面が表示されます。ページの最下部にある＜アカウントを作成する＞をクリックします**1**。

3 アカウント情報を入力する

「姓」「名」「ユーザー名（メールアドレス）」「パスワード」を入力し**1**、＜次へ＞をクリックします**2**。

> **Memo** ユーザー名とパスワード入力時の注意点
>
> アカウントのユーザー名とパスワードは、半角英字、数字、ピリオドのみ使用できます。また、入力したユーザー名がすでに存在している場合は警告が表示されるので、別のユーザー名に変更する必要があります。

4 ユーザー情報を入力する

「生年月日」や「性別」を入力し1、＜次へ＞をクリックします2。

5 利用規約に同意する

「プライバシーポリシー」画面が表示されます。ページの最下部までスクロールし、＜同意する＞をクリックします1。

6 アカウントが作成される

「ようこそ」画面が表示されると、アカウントの作成が完了します。

2 YouTubeにログインする

1 ＜YouTube＞をクリックする

Googleアカウントにログインしてアクセスし、画面右上の⋮⋮⋮をクリックして1、＜YouTube＞をクリックします2。

> **Hint　YouTubeからログアウトする**
>
> 右上のアカウントのアイコン→＜ログアウト＞を順にクリックすることで、YouTubeからログアウトすることができます。自分以外の人と同じパソコンを共有している場合には、使い終わったら必ずログアウトしておきましょう。

Section 45　YouTubeのアカウントを取得しよう

第7章　YouTubeに投稿しよう

Section ▶︎ 　第7章：YouTubeに投稿しよう

46 YouTubeの画面を確認しよう

覚えておきたいキーワード
YouTube
トップページ
再生ページ

YouTubeに動画を投稿する前に、YouTubeの画面構成を確認しておきましょう。トップページでは旬の動画や履歴に関連した動画などが表示され、再生ページでは動画再生に関する操作などを行うことができます。

1 YouTubeトップページの画面構成

P.131の操作でYouTube (https://www.youtube.com/) にアクセスすると、トップページが表示されます。ここから動画の検索や投稿などのさまざまな操作を行うことができます。

❶	トップページ左上の ≡ をクリックすると、メニューをアイコン表示／詳細表示に切り替えることができます。
❷	探したい動画に関するキーワードを入力して検索することで、それに関するYouTubeの動画を探すことができます。
❸	YouTubeの設定やさまざまなサービスに関する機能がまとめられています。
❹	「ホーム」「探索」「登録チャンネル」「ライブラリ」「履歴」の各種アイコンからそれぞれのリストに切り替えることができます。
❺	動画履歴をもとに、関連する動画など、ユーザーにおすすめの動画が表示されます。

2 YouTube再生ページの画面構成

YouTubeの再生画面は、「動画再生エリア」「動画情報エリア」「関連動画エリア」の3つに分かれています。動画の画面サイズや使用しているWebブラウザの画面サイズなどにより、各エリアの位置が変わる場合があります。

❶	動画再生エリアです。動画再生エリアの下にある操作アイコンで再生や停止などの操作が行えるほか、動画の画面サイズを大きくしたり、再生速度を変更したり、自動再生のオン／オフを切り替えたりできます。
❷	動画のタイトルが表示されます。
❸	動画を評価したり、ほかのサービスに共有したりできる機能がまとめられています。
❹	動画を配信しているチャンネル名や動画の説明概要が表示されています。＜チャンネル登録＞をクリックすると、このチャンネルを登録できます。
❺	再生している動画や視聴履歴などの関連動画がリスト表示されています。動画再生エリアの「自動再生」がオンになっていると、ここに表示されている動画が順に自動再生されます。

Memo スマートフォン版（アプリ版）YouTubeの画面構成

YouTubeは、スマートフォンに専用のアプリをインストールして楽しむこともできます。広告の種類などはパソコン版（Webブラウザ版）と異なる部分もありますが（Sec.67参照）、基本的には画面内に表示される要素や利用できる機能は変わりません。ただし、説明概要を確認したい場合は、タイトル横の∨をタップする必要があります。

Section ◀ ▶

第7章：YouTubeに投稿しよう

47 マイチャンネルを作成しよう

覚えておきたいキーワード
\# マイチャンネル
\# ブランドアカウント
\# アカウントの切り替え

編集した動画をYouTubeに投稿するためのチャンネル「マイチャンネル」を作成しましょう。マイチャンネルを1つ作っておけば、複数のブランドアカウントを作成・管理することができるようになります。

1 マイチャンネルとは

編集した動画をYouTubeにアップロードするマイチャンネルを作成しましょう。Googleアカウントで作成できるマイチャンネルを1つ作っておけば、複数のブランドアカウントを作成・管理することができるようになります。

❶ チャンネルのイメージを表す背景画像を設定します。
❷ どんなチャンネルなのかを紹介する動画を指定できます。

Memo ブランドアカウントとの違い

YouTubeのチャンネルは、Googleアカウントの個人名として表示されるチャンネルと「ブランドアカウント」として自分好みに決めた名前で表示されるチャンネルの2種類あります。Googleアカウントに紐付けされて作成できる「ブランドアカウント」では、好きな名前を付けて作成することができ、ブランドアカウントの名前がそのままYouTubeのチャンネル名になります。1つのGoogleアカウントで複数のブランドアカウントを持つことができるため、チャンネルの名前をGoogleアカウントとは別の名前にしたいときや、カテゴリーを分けて複数のチャンネルを管理したい場合に役立ちます。

2 マイチャンネルを作成する

1 ＜チャンネルを作成＞をクリックする

YouTubeにログインし、右上のアカウントのアイコンをクリックして１、＜チャンネルを作成＞をクリックします２。

2 ＜チャンネルを作成＞をクリックする

YouTube上で表示する名前を確認し、＜チャンネルを作成＞をクリックします１。

3 チャンネルの作成が完了する

チャンネルの作成が完了し、設定画面に移動します。

📝 Memo　アカウントを切り替える

Googleアカウント（＝Gmailアドレス）と紐付いているYouTubeのマイチャンネルは1つだけですが、マイチャンネルとリンクして作成できる「ブランドアカウント」は複数作成することができます（P.137参照）。ブランドアカウントの作成後は、YouTubeトップページ画面右上のアイコン→＜アカウントを切り替える＞を順にクリックすることで、Googleアカウントとブランドアカウントを切り替えられます。動画にコメントを付けたり、動画をアップロードしたりする際には、適切なアカウントに切り替えているかを確認するくせを付けておきましょう。

3 マイチャンネルを表示する

1 ＜ログイン＞をクリックする

YouTubeのトップページ画面右上の＜ログイン＞をクリックします❶。

2 Googleアカウントをクリックする

自分のGoogleアカウントをクリックします❶。アカウントが表示されない場合は、Googleアカウント（Gmailアドレス）とパスワードを入力します。

> **Memo** Googleアカウントにログインしている場合
>
> すでにGoogleアカウントにログインしている場合、手順 1 ～ 2 の操作は必要ありません。

3 ＜チャンネル＞をクリックする

右上のアカウントのアイコンをクリックし❶、＜チャンネル＞をクリックします❷。

4 マイチャンネルが表示される

マイチャンネルのページが表示されます。

4 複数のチャンネル（ブランドアカウント）を作成する

1 ＜設定＞をクリックする

YouTubeトップページの≡をクリックし1、＜設定＞をクリックします2。

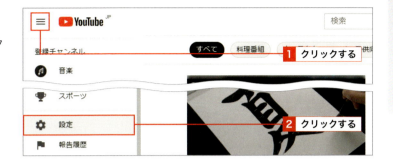

2 ＜チャンネルを追加または管理する＞をクリックする

アカウント画面で＜チャンネルを追加または管理する＞もしくは＜新しいチャンネルを作成する＞をクリックします1。

3 ＜チャンネルを作成＞をクリックする

＜チャンネルを作成＞をクリックします1。

4 チャンネル名を決める

任意のチャンネル名を入力し1、確認項目にチェックを入れて2、＜作成＞をクリックします3。

5 ブランドアカウントが作成される

手順4で入力したチャンネル名でブランドアカウントが作成されます。

Section 第7章：YouTubeに投稿しよう

48 アカウントを認証しよう

覚えておきたいキーワード
アカウント認証
アカウント保護
確認コード

マイチャンネルを作成したあとは、スマートフォンなどの電話番号を使ってアカウントの認証を行います。アカウントの認証を行うことでアカウントが保護されるだけでなく、15分以上の動画が投稿できるようになります。

1 アカウントを認証する

▶ アカウントの認証とは

「アカウントの認証」とは、電話番号を使用して身元を確認することです。これはYouTubeのアカウントを保護し、不正行為を防止する対策の一環として行われています。アカウントの認証は、YouTubeにログイン後、メニューの「設定」から電話番号に確認コードを送信することで完了できます。これは、同じ電話番号が多数のアカウントで使われていないかどうかを確認するためのものですが、スマートフォンによる認証を行うことで、「15分を超える動画のアップロード」「動画のサムネイル画像の自由なカスタマイズ」「YouTube上でのライブ配信」「Content IDの申し立てに対する再審査請求」といった機能が利用可能になります。

1 ＜チャンネルのステータスと機能＞をクリックする

P.137手順 1 を参考にアカウント画面を表示し、＜チャンネルのステータスと機能＞をクリックします 1 。

2 ＜電話番号を確認＞をクリックする

「スマートフォンによる確認が必要な機能」欄の「利用資格あり」の右側にある ✓ をクリックし 1 、＜電話番号を確認＞をクリックします 2 。

3 コードの受け取り方を選択する

任意の確認コードの受け取り方（ここでは「SMSで受け取る」）にチェックを付けます❶。

> **Memo 自動音声メッセージで受け取る**
>
> 「電話の自動音声メッセージで受け取る」にチェックを付けると、手順 4 で入力した電話番号に確認コードを知らせる電話がかかってきます。

4 コードを取得する

確認コードを受け取る電話番号を入力し❶、＜コードを取得＞をクリックします❷。

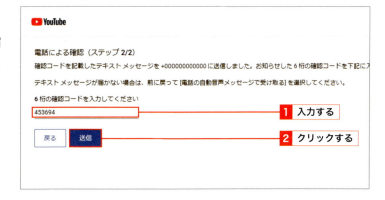

5 コードを送信する

手順 4 で入力した電話番号にSMSが届きます。受信した確認コードを入力し❶、＜送信＞をクリックします❷。

6 認証が完了する

「電話番号を確認しました」と表示されれば、アカウントの認証が完了します。P.138手順 2 の画面を開くと、「スマートフォンによる確認が必要な機能」欄に「有効」と表示されます❶。

Section 第7章：YouTubeに投稿しよう

49 YouTube Studioから動画を投稿しよう

覚えておきたいキーワード
YouTube Studio
タイトル／サムネイル
公開設定

アカウント認証後は、YouTubeの「YouTube Studio」というツールから動画を投稿してみましょう。投稿の際には、動画の内容がひと目でわかるようなタイトル、説明、サムネイルなどを設定することが大事です。

1 YouTube Studioとは

「YouTube Studio」は、マイチャンネルを作成後にYouTube上で使用できるようになるクリエイター向けのツールです。投稿した動画やYouTubeチャンネルの管理、データ解析などが行えます。ほかにもライブ配信の確認や再生リストの作成、字幕の追加などが行えるほか、YouTubeアナリティクスを用いることで、チャンネルや各動画のパフォーマンスを調べることもできます。自分の動画の改善点などを見つけるためのマーケティングツールとしても活用したいサービスです。

1 ＜YouTube Studio＞をクリックする

YouTube画面右上のアカウントのアイコンをクリックし**1**、＜YouTube Studio＞をクリックします**2**。

Memo スマートフォンは専用アプリをインストールする

スマートフォンでYouTube Studioを利用したい場合は、専用の「YouTube Studio」アプリをインストールします。

2 YouTube Studioが表示される

YouTube Studioのダッシュボード画面が表示されます。

2 動画を投稿する

1 ＜動画をアップロード＞をクリックする

P.140を参考にYouTube Studioを表示し、＜作成＞をクリックして❶、＜動画をアップロード＞をクリックします❷。

> **Memo 「動画をアップロード」からアップロードする**
>
> 画面右上の 👤 をクリックすることでも、手順❷の画面を表示できます。

2 ＜ファイルを選択＞をクリックする

「動画のアップロード」画面が表示されます。＜ファイルを選択＞をクリックします❶。

> **Memo ドラッグ＆ドロップで動画をアップロードする**
>
> 投稿したい動画ファイルを「動画のアップロード」画面にドラッグ＆ドロップすることでも、動画のアップロードができます。

3 動画ファイルを選択する

投稿したい動画ファイルをクリックして選択し❶、＜開く＞をクリックします❷。

> **Memo 投稿できる動画のファイル形式**
>
> YouTubeはさまざまなファイル形式に対応していますが、推奨されている形式は「mp4（H.264）」です。

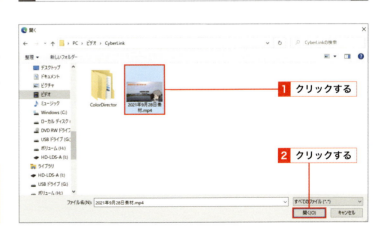

> **Memo 動画のファイル容量の制限**
>
> YouTubeにアップロードできるファイルには容量制限があります。アカウントの認証が済んでいれば最大サイズは128GB、または12時間の、いずれか小さいほうの数値です。ファイルサイズか再生時間のどちらかが上限を超えてしまうとアップロードができないため、注意が必要です。20GBを超えるサイズの動画ファイルをアップロードする際は、Webブラウザが最新バージョンであることが推奨されています。

3 タイトルやサムネイルを設定する

1 タイトルと説明を入力する

P.141手順 3 のあとの画面で、動画のタイトルや説明（概要欄）を入力します **1**。

Memo 各項目の変更

動画のタイトルや説明、サムネイルなどはあとからでも変更が可能です（Sec.57、58参照）。

2 サムネイルを選択する

サムネイルの項目からサムネイルに設定したいシーンの画像をクリックします **1**。自分で作成したサムネイルを使用する場合は、Sec.58を参照してください。

3 視聴者を確認する

画面をスクロールし、アップロードする動画が子ども向けの内容の場合は「はい、子ども向けです」、そうでない場合は「いいえ、子ども向けではありません」にチェックを付け **1**、＜次へ＞をクリックします **2**。

Memo 子ども向けコンテンツの場合

ターゲットが明確に子ども向けの動画コンテンツである場合は、「はい〜」にチェックを付けましょう。ただし、動画の広告の配信は停止されます。

4 動画の要素を確認する

「動画の要素」画面が表示されます。ここでは＜次へ＞をクリックします **1**。

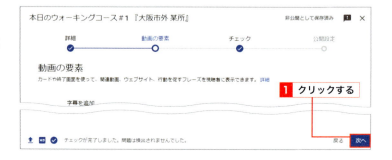

142

5 動画内容がチェックされる

次に表示される「チェック」画面でも同様に＜次へ＞をクリックします 1 。

4 動画を公開する

1 公開範囲を選択する

P.143手順 5 のあとの画面で、「公開設定」の「保存または公開」にチェックが入っているのを確認し、「非公開」「限定公開」「公開」のいずれかにチェックを付けます 1 。

> **Hint 公開設定の変更**
>
> 動画を投稿したあとでも、非公開から公開にしたり、公開から限定公開に変更したりすることができます（Sec.59参照）。

2 動画を公開する

＜公開＞（「非公開」と「限定公開」の場合は＜保存＞）をクリックすると 1 、設定した条件で動画が公開されます。

> **Memo スケジュールを設定**
>
> 手順 1 の画面で「スケジュールを設定」にチェックを付けると、動画の公開日時を5分単位で設定することができます。公開したい日にちと時間を設定し、＜スケジュールを設定＞をクリックすると、動画は公開日まで非公開になります。

第7章：YouTubeに投稿しよう

Section 50 投稿した動画を確認しよう

覚えておきたいキーワード
YouTube Studio
再生画面
画質

動画の投稿が完了したら、YouTubeの再生画面を表示し、正常に視聴できるかの確認を行います。投稿設定や画質だけでなく、改めてYouTubeの画面で動画の内容を確認することも大事です。

1 動画を確認する

1 確認する動画を選択する

YouTube Studioを表示し、＜コンテンツ＞をクリックします❶。動画の一覧画面が表示されるので、確認したい動画付近にマウスポインターを移動し、▶（YouTubeで見る）をクリックします❷。

2 再生画面が表示される

新規タブでYouTubeの再生画面が表示されます。

> **Memo 動画のURLを確認する**
>
> 手順❶の画面で✏（詳細）をクリックして「動画の詳細」画面を表示すると、画面右側の「動画リンク」から動画のURLを確認できます。

> **Memo 画質を確認する**
>
> 動画を再生したら、再生画面右下の⚙→＜画質＞の順にクリックし、Sec.44で出力した画質で正常に投稿されているかを確認しましょう。なお、HDやフルHDの画質の動画はアップロードしてから画質選択できるようになるまで時間がかかります。

第 8 章

YouTube Studioで
動画を編集しよう

Section 51 投稿した動画をYouTube Studioで編集しよう
Section 52 動画をカット編集しよう
Section 53 動画にBGMを追加しよう
Section 54 動画にぼかしを設定しよう
Section 55 動画に字幕を追加しよう

Section 51 投稿した動画をYouTube Studioで編集しよう

第8章：YouTube Studioで動画を編集しよう

覚えておきたいキーワード
YouTube Studio
動画の詳細
動画エディタ

動画をYouTubeに投稿したあとでも、YouTube Studioからいつでもタイトルや説明文の編集・変更が可能です。また動画内容に手を加える編集も、BGMやぼかしの追加、字幕の追加などであれば行うことができます。

1 投稿済みの動画で編集できること

YouTube Studioでは、投稿済みの動画でもかんたんな変更・編集が可能です。「動画の詳細」画面ではタイトル、説明、サムネイルなどといった動画に関する情報を、「動画エディタ」画面ではBGM、ぼかし、字幕など、動画そのものに直接変更を加えることができます。

▶「動画の詳細」画面

❶	動画のタイトルを設定・変更できます（Sec.57参照）。
❷	動画の説明文を設定・変更できます（Sec.57参照）。
❸	動画の内容を1枚のサムネイル画像として設定・変更できます（Sec.58参照）。

▶「動画エディタ」画面

❶	YouTubeオーディオライブラリのBGMを追加できます（Sec.53参照）。
❷	動画内にぼかしを設定できます（Sec.54参照）。
❸	動画に字幕を設定（自動生成／手動生成）できます（Sec.55参照）。

2 投稿済みの動画の編集画面を表示する

1 編集したい動画を開く

YouTube Studioを表示し、＜コンテンツ＞をクリックします❶。動画の一覧画面が表示されるので、編集したい動画のサムネイルをクリックします❷。

2 「動画の詳細」画面が表示される

「動画の詳細」画面が開き、タイトルや説明文を編集できます。＜エディタ＞をクリックします❶。

3 「動画エディタ」画面が表示される

「動画エディタ」画面が表示されます。＜使ってみる＞をクリックすると、BGMやぼかしを追加できるようになります。＜字幕＞をクリックします❶。

4 「動画の字幕」画面が表示される

「動画の字幕」画面が表示されます。＜言語を設定＞をクリックして任意の言語を選択し❶、＜確認＞をクリックすると❷、字幕を追加できるようになります。

Section

第8章：YouTube Studioで動画を編集しよう

52 動画をカット編集しよう

覚えておきたいキーワード
YouTube Studio
動画エディタ
カット編集

YouTube Studioには、動画を投稿したあとでもシンプルなカット編集を行うことができる「動画エディタ」機能があります。投稿後に不要なシーンが見つかったとしても、この機能を使うことで再投稿する手間を省くことができます。

1 投稿した動画をカット編集する

1 「動画エディタ」画面を開く

P.147手順 1～2 を参考に「動画エディタ」画面を表示し、右図のような画面が表示された場合は＜使ってみる＞をクリックします 1。

2 ＜カット＞をクリックする

＜カット＞をクリックします 1。

Memo 条件によってはカットできない動画もある

投稿済みの動画の再生時間が6時間を超えている場合、カットを行うことはできません。また、再生回数が10万回を超えている動画においては、YouTubeパートナープログラム（Sec.65参照）に参加しているチャンネルに限り、カットの変更を加えて保存できるようになっています。

3 カット範囲を調整する

タイムライン両側にある青いバーをドラッグし1、動画前後の不必要なシーンがグレーになるようにします。＜プレビュー＞をクリックします2。

4 プレビューを確認する

▶をクリックすると1、グレー部分がカットされて再生されます。内容を確認して問題がなければ、＜保存＞をクリックして変更を確定します2。

Memo 操作中は保存ができない

操作中は保存ができないため、「動画エディタ」画面ではプレビュー状態にしてから保存します。

Step up タイムラインの内側をカットする

動画の前後ではなく内側の一部をカットしたい場合は、「分割」を使用します。P.148手順2の画面で＜カット＞をクリックしたあと、タイムラインの不要なシーンの始点部分にグレーのバーをドラッグし1、＜分割＞をクリックします2。グレーのバーの位置に作成された青いバーをドラッグし3、不要なシーンをグレーにします。＜プレビュー＞をクリックするとグレー部分がカットされるので、内容を確認して保存します。

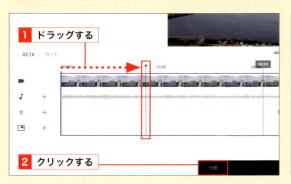

Section 53 動画にBGMを追加しよう

第8章：YouTube Studioで動画を編集しよう

覚えておきたいキーワード
YouTube Studio
オーディオライブラリ
BGM

YouTubeに投稿したあとで動画にBGMを付けたくなった場合は、YouTube Studioの「オーディオライブラリ」を活用しましょう。オーディオライブラリで用意されている音楽と効果音は、著作権上安全に利用することができます。

1 投稿した動画にBGMを追加する

1 音声トラックを追加する

P.148手順 **1** を参考に「動画エディタ」画面を表示し、♪（音声）の + をクリックして **1**、音声トラックを追加します。

2 BGMを追加する

一覧で表示される「オーディオライブラリ」から、使用したいBGMの＜追加＞をクリックします **1**。

> **Hint　BGMを再生する**
> BGMタイトル左の ▶ をクリックすると、BGMを再生して確認できます。

> **Step up　オーディオライブラリのすべての音楽や効果音を表示する**
>
> YouTube Studioのオーディオライブラリには著作権使用料が無料の専用音楽と効果音が用意されており、動画内で自由に使用することができます。手順 **2** の画面で＜オーディオライブラリ＞をクリックすると、YouTubeで使用できるすべての音楽や効果音が表示されます。使用したい音楽の＜ダウンロード＞をクリックすると手順 **2** のオーディオライブラリに追加され、動画に使用することができるようになります。

3 音量を調節する

追加されたBGMの🎚をクリックし**1**、バーを左右に動かして音量を調節します**2**。

4 タイミングを調整する

タイムラインの青く表示されている部分をドラッグし**1**、BGMを流すタイミングを調整します。▶をクリックして内容を確認し、問題がなければ＜保存＞をクリックします。

> **Memo　BGMのトリミング**
>
> 青い部分はBGMのトリミング範囲になるため、青い部分の始点や終点をドラッグすることで必要な部分だけを指定することもできます。

> **Hint　オーディオライブラリでフィルターをかけて検索する**
>
> オーディオライブラリのBGMは、「ジャンル」や「ムード」、「時間」などを指定するフィルターをかけることで、より動画に合ったものを探し出せるようになります。P.150手順**2**で表示されるオーディオライブラリの＜ライブラリの検索またはフィルタ＞をクリックし**1**、任意のフィルターをクリックします**2**。絞り込み項目にチェックを付け**3**、＜適用＞をクリックすると、指定したフィルターに該当するBGMだけが一覧表示されます。

Section
54

第8章：YouTube Studioで動画を編集しよう

動画にぼかしを設定しよう

覚えておきたいキーワード
YouTube Studio
動画エディタ
ぼかし

動画とは関係のない人や情報が映り込んでいる場合は、YouTube Studioの「動画エディタ」でぼかしを入れましょう。「顔のぼかし」では検出された被写体を追尾し、「カスタムぼかし」では固定位置でぼかしを入れることができます。

1 投稿した動画に「顔のぼかし」を入れる

1 ＜顔のぼかし＞をクリックする

P.148手順 1 を参考に「動画エディタ」画面を表示し、▒（ぼかし）の ＋→＜顔のぼかし＞の順にクリックします 1 。

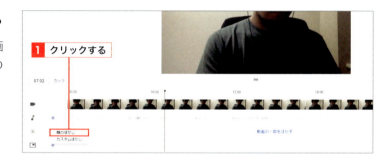

2 ぼかしたい顔を選択する

検出された被写体の中からぼかしたい顔をクリックし 1 、＜適用＞をクリックします 2 。

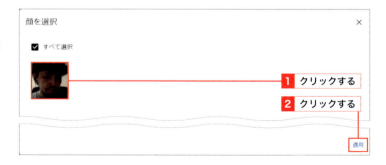

3 ぼかしを調整する

プレビューウィンドウでぼかしの大きさと位置を調整します 1 。▶をクリックし 2 、ぼかしが正常に適用されているのを確認したら、＜保存＞をクリックします 3 。

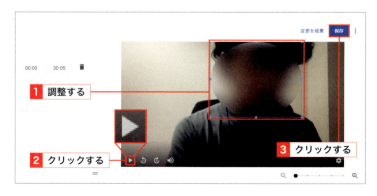

152

2 投稿した動画に「カスタムぼかし」を入れる

1 ＜カスタムぼかし＞をクリックする

ぼかしを表示したい位置にタイムラインのグレーのバーをドラッグし**1**、▦（ぼかし）の**+**→＜カスタムぼかし＞の順にクリックします**2**。

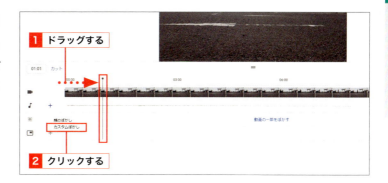

2 ぼかしの形を設定する

「ぼかしの形」の「長方形」か「楕円」のどちらか（ここでは「長方形」）にチェックを付け**1**、プレビューウィンドウで大きさと位置を調整します**2**。

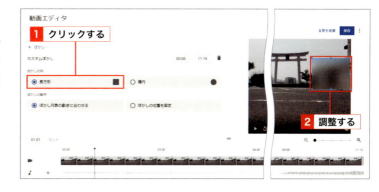

3 ぼかしの動作を設定する

「ぼかしの動作」の「ぼかし対象の動きに合わせる」か「ぼかしの位置を固定」のどちらか（ここでは「ぼかしの位置を固定」）にチェックを付けます**1**。

4 表示時間を調整する

タイムラインの青く表示されている部分をドラッグしてぼかしの表示時間を調整します**1**。▶をクリックして内容を確認し、問題がなければ＜保存＞をクリックします。

Section 第8章 : YouTube Studioで動画を編集しよう

55 動画に字幕を追加しよう

覚えておきたいキーワード
YouTube Studio
動画エディタ
字幕

動画に字幕を追加したい場合は、YouTube Studioから手動で字幕を設定できます。設定した字幕は、YouTube再生画面右下の「字幕」をオンにすることで表示されます。動画によっては自動生成された字幕も表示可能です。

1 投稿した動画に字幕を追加する

1 字幕を追加する動画を選択する

P.147手順 **1** ～ **4** を参考に「字幕」画面を表示し、字幕を付けたい動画の＜追加＞をクリックします。

2 ＜手動で入力＞をクリックする

＜手動で入力＞をクリックします**1**。

3 字幕を入力する

タイムラインの青く表示されている部分をドラッグして字幕を表示したいタイミングを指定したら**1**、入力欄に字幕を入力します**2**。▶をクリックして内容を確認し、問題がなければ＜公開＞をクリックします**3**。

Hint 複数の字幕を追加する

複数の字幕を入力する場合、字幕入力欄の左下にある⊕をクリックして字幕を増やすことができます。

第 9 章

投稿した動画を
もっと見てもらおう

Section 56　マイチャンネルをカスタマイズしよう

Section 57　説明文やタグを編集して動画を見つけてもらいやすくしよう

Section 58　視聴者の目を惹くサムネイルを設定しよう

Section 59　動画の公開設定を変更しよう

Section 60　カードを設定して関連性の高い動画を見てもらおう

Section 61　終了画面を設定してチャンネル登録を促そう

Section 62　評価やコメントの設定をしよう

Section 63　投稿した動画を再生リストにまとめて見やすくしよう

Section 64　投稿した動画を削除しよう

Section 第9章 : 投稿した動画をもっと見てもらおう

56 マイチャンネルをカスタマイズしよう

覚えておきたいキーワード
マイチャンネル
カスタマイズ
YouTube Studio

動画投稿に慣れてきたら、自分のチャンネルを視聴者向けにカスタマイズしてみましょう。プロフィールアイコンやバナー画像、概要でチャンネルの方向性を示せば、より魅力的なチャンネルに見せることができます。

1 プロフィールアイコンを変更する

1 「チャンネルのカスタマイズ」画面を表示する

P.140を参考にYouTube Studioを表示し、＜カスタマイズ＞をクリックします❶。

2 「ブランディング」画面を表示する

画面上部の＜ブランディング＞をクリックし❶、「写真」の＜アップロード＞をクリックします❷。

Memo バナー画像を変更する

チャンネルのバナー画像を変更する場合は「バナー画像」の＜アップロード＞をクリックし、プロフィールアイコンと同様に設定を行います。

3 画像を選択する

プロフィールアイコンに使用したい画像をクリックし❶、＜開く＞をクリックします❷。

4 表示範囲を調整する

トリミングする範囲を調整し 1、＜完了＞をクリックします 2。画面右上の＜公開＞をクリックすると、プロフィールアイコンが変更されます。

2 チャンネルの説明文を追加する

1 チャンネルの概要を変更する

P.156手順 2 の画面で＜基本情報＞をクリックし 1、「説明」にチャンネルの説明文を入力します 2。画面右上の＜公開＞をクリックします 3。

2 チャンネルの概要が変更される

チャンネルトップページの「概要」が変更されます。

Memo　トップページにチャンネル未登録者向けの動画を用意する

マイチャンネルのトップページに、チャンネル未登録者向けの動画を用意することができます。あらかじめ自分のチャンネルの紹介動画などをアップロードしておき、新しくチャンネルを訪問してくれたユーザーにアピールしましょう。P.156手順 1 の画面で＜カスタマイズ＞をクリックし、＜レイアウト＞をクリックして、＜チャンネル登録していないユーザー向けのチャンネル紹介動画＞をクリックします。設定したい動画を選択し、＜公開＞をクリックすると、トップページに動画が配置され、未登録者が訪れた際に自動再生されるようになります。

第9章：投稿した動画をもっと見てもらおう

Section 57 説明文やタグを編集して動画を見つけてもらいやすくしよう

覚えておきたいキーワード
タイトル
説明文
タグ／ハッシュタグ

動画を投稿したら、動画の内容を示すタイトルと説明文を設定しましょう。タイトルや説明文の中に適切なキーワードを盛り込んだり、適切なハッシュタグを設定したりすることによって人の目に留まりやすくなります。

1 動画のタイトルと説明文を編集する

タイトルは、投稿した動画がどのような動画なのかがひと目でわかるように設定しましょう。タイトルに書き切れない必要な情報は説明文に記載するのがおすすめです。「検索されやすいキーワード」が入った自然なタイトルを設定し、説明文には「検索されやすいキーワード」を含めつつ「視聴者の役に立つ情報」などを記載するのがポイントです。

1 「動画の詳細」画面を開く

YouTube Studioで＜コンテンツ＞をクリックし❶、タイトルと説明文を編集したい動画の動画の✏(詳細)をクリックします❷。

2 タイトルや説明文を編集する

タイトルまたは説明の文章を編集し❶、＜保存＞をクリックします❷。

Memo タイトルと説明文のコツ

タイトルと説明文は、視聴者に動画の内容を伝えるだけでなく、検索ワードとしても機能します。動画の内容に関連していて、かつ検索されやすいキーワードをタイトルや説明文に自然に含めるのがポイントです。なお、検索されやすいキーワードを見つけるには、YouTubeの検索画面で表示される「サジェスト」を参考にするのがおすすめです。たとえば「大谷翔平」と入力したときに、候補として表示されているものがサジェストです。

158

2 詳細なメタデータを設定する

▶ メタデータとは

メタデータというのは、「動画の内容」を説明するデータのことです。YouTubeでは、このメタデータをもとに検索結果や関連動画に反映します。詳細のメタ情報を加えたい場合は、各動画の「動画の詳細」画面下部の<すべて表示>をクリックし、オプション項目を表示します。詳細オプションでは、「タグ」「言語と字幕」「撮影日と場所」「カテゴリ」といった詳細のメタ情報を追加できます。

Memo タグを設定する

説明文に入れる「ハッシュタグ」が検索に直結するキーワードであるのに対し、メタデータで設定できる「タグ」は、YouTube側がその情報をもとに関連動画として表示する際に使用します。

Memo そのほかに設定できる情報

そのほかに、「有料プロモーション」や「コメントと評価」の設定を行うこともできます。有料プロモーションは、企業案件などで対価をもらって動画を作成・投稿している場合に設定します。コメントや評価は動画のエンゲージメント（視聴者の反応指数）につながるため、しっかり管理しておきましょう。

3 説明文にハッシュタグを設定する

▶ ハッシュタグとは

説明文を記載する際には、「ハッシュタグ」を設定してみましょう。ハッシュタグというのは、#（半角のナンバーサイン）が付いたキーワードのことです。文字列の先頭に「#」を付けることで自動的にリンクを生成し、クリックすると同じハッシュタグが付いた動画が一覧として表示されます。なお、1つの動画に15個以上のハッシュタグを追加するとすべてのハッシュタグが無視されるため、多くても10個前後に抑えるようにしましょう。P.158手順2の画面で「説明」欄に任意のハッシュタグを入力して保存すると、再生画面で確認したときにタイトルの上に上位3つのハッシュタグが表示されます。

Section 58　第9章：投稿した動画をもっと見てもらおう

視聴者の目を惹くサムネイルを設定しよう

覚えておきたいキーワード
サムネイル
画像・動画編集ソフト
Webサービス

YouTubeでより多くの人に動画を見てもらうためには、「クリックしたくなるような目を惹くサムネイル」を用意できるかが重要です。サムネイルは専用のソフトだけでなく、ソフト不要のWebサービスなどでも作成可能です。

1 オリジナルのサムネイルを設定する

YouTubeでは、動画を投稿するとサムネイル画像が自動的に生成されます。この中から任意の画像をクリックすることでサムネイルを指定することができますが（P.142手順 2 参照）、自分で用意した画像をサムネイルとして設定することも可能です。なお、サムネイルを自分で用意した画像で設定するには、電話番号によるアカウントの認証が必要です（Sec.48参照）。

1 「動画の詳細」画面を開く

YouTube Studioで＜コンテンツ＞をクリックし 1 、サムネイルをしたい動画の ✎（詳細）をクリックします 2 。

2 ＜サムネイルをアップロード＞をクリックする

「サムネイル」の＜サムネイルをアップロード＞をクリックします 1 。

3 サムネイルの画像ファイルを選択する

パソコンに保存されているサムネイルの画像ファイルをクリックして選択し 1 、＜開く＞をクリックします 2 。

160

4 サムネイルを保存する

アップロードした画像が選択されていることを確認し**1**、＜保存＞をクリックします**2**。

2 PowerDirectorでサムネイル用の画像を作成する

画像編集ソフトがなくても、PowerDirectorでサムネイル画像を作成することが可能です。1シーンを作成する要領で画像やテロップを配置後、プレビューウィンドウを右クリックして＜スナップショット＞をクリックすることで、1枚の静止画として保存できます。

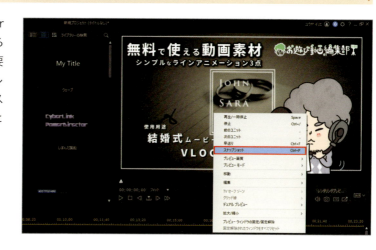

Memo 外部サービスでサムネイル用の画像を作成する

動画のサムネイル画像を自分で作成するには、スマートフォンの画像編集アプリ、「Photoshop」などの画像編集ソフト、「Canva」などのサムネイル画像を作成できるオンラインサービスを利用するのがおすすめです。利用するサービスによって加工の自由度が変わるので、自分の納得のいくサムネイルを作成できるものを選びましょう。なお、YouTubeで定められている画像の解像度やサイズは下記の通りです。

・解像度：1280×720（最小幅 640px）
・画像ファイル形式：JPEG、GIF、PNGなど
・画像サイズ：2 MB以下（2MB以下であれば解像度が1920×1080でもアップロード可能）
・アスペクト比：16:9（推奨）

Memo 目を惹くサムネイルを作るコツ

YouTubeで結果を出している人たちのほとんどは、ひと目で内容が想像できる魅力的なサムネイルを作成しています。なぜなら、サムネイルが魅力的なほど、再生回数が増える傾向にあるからです。そしてそのようなサムネイルを作るには、見せたい被写体（動画に関連する人物や動物、アイテムなど）と文字数を絞ることがポイントです。あれもこれもと足すのではなく不要な要素を引いていくことで、残った必要な情報が伝わりやすくなるためです。そのうえで、残った文字には太く見やすい色でデザインを施したり、被写体の背景を切り抜いて明るい背景に差し替えたりすれば、視認性とデザイン性を高めることができます。

第9章：投稿した動画をもっと見てもらおう

Section 59 動画の公開設定を変更しよう

覚えておきたいキーワード
公開／非公開
限定公開
スケジュール設定

動画の投稿後でも、公開設定を変更できます。自分だけが視聴可能にしたい場合は非公開、URLを知っている人どうしで共有したい場合は限定公開、誰でも見れる動画にしたい場合は公開、というように設定を使い分けましょう。

1 非公開動画を公開にする

動画を投稿する際に公開設定を「非公開」にすることで（P.143手順1参照）、自分の動画がYouTubeでどのように再生されるかを確認できます。「非公開」の動画は自分だけが視聴可能なので、問題がないことを確認してから設定を「公開」に変更するとよいでしょう。

1 公開設定を選択する

YouTube Studioで＜コンテンツ＞をクリックし1、公開設定を変更したい動画サムネイルの右側にある「公開設定」の＜非公開＞をクリックします2。

2 「公開」に変更する

表示されたメニューから＜公開＞にチェックを付け1、＜公開＞をクリックします2。

Memo 公開動画を非公開にする

一度公開した動画を非表示にしたい場合は、公開設定を「非公開」にします。検索や関連動画には引っかからず、URLで直接アクセスしても動画は再生されません。公開設定が非公開になっている動画は、動画投稿者のユーザーアカウントとGoogleのメールアドレスで許可されたユーザーのみが視聴可能になります。特定の人に見せたい場合は、「非公開」にチェックを付けて＜動画を非公開で共有する＞をクリックし、招待したいユーザーのGoogleメールアドレスを追加します。

2 動画を限定公開にする

公開と非公開のほかにも、「限定公開」という設定があります。これは動画のURLを知っている人だけが視聴できる設定で、家族や知人など、特定の個人またはグループ間で動画を共有し楽しむのがおもな目的です。限定公開に設定した動画は、検索や関連動画に出てくることはありませんが、公開中の再生リストに追加していたり、URLをSNSやブログに掲載したりすると、知らない人であってもそのリンクから動画にアクセスできてしまうという点に注意が必要です。

1 「限定公開」に変更する

P.162手順 2 の画面で＜限定公開＞にチェックを付け 1 、＜保存＞をクリックします 2 。

Memo 限定公開にした動画を共有する

限定公開として投稿した動画のURLは、YouTube Studioの「コンテンツ」から確認ができます（P.144上のMemo参照）。「コンテンツ」の中にある限定公開された動画の：（オプション）をクリックし、＜共有可能なリンクを取得＞をクリックするとクリップボードにURLがコピーされます。コピーしたURLをメールなどに貼り付けて送信すれば、限定公開の動画を共有できます。

3 動画を指定した日時に公開する

YouTubeでは投稿した動画を指定した日時に公開、配信することができるスケジュール設定を行うこともできます。スケジュール設定されている動画は、設定した日時まで「非公開」の扱いとなります。

1 「スケジュールを設定」に変更する

P.162手順 2 の画面で＜スケジュールを設定＞にチェックを付け 1 、公開日時を指定して 2 、＜スケジュールを設定＞をクリックします 3 。

Memo プレミア公開として設定する

スケジュールを設定する際、「プレミア公開として設定する」にチェックを入れると、動画投稿者と視聴者が同時刻に同じ動画を見られる「プレミア公開」にすることができます。プレミア公開で動画が投稿されると、動画のタイトルや詳細などの概要のみが公開され、チャンネル登録者に通知が届くようになっています。これにより、投稿者と視聴者が同じ時間に同じ動画を共有することができ、チャットを通じて視聴者とのやり取りを楽しめるのが大きなメリットです。

Section 60

第9章：投稿した動画をもっと見てもらおう

カードを設定して関連性の高い動画を見てもらおう

覚えておきたいキーワード
動画・再生リストカード
チャンネルカード
リンクカード

関連性の高いほかの動画や再生リストなどを動画内で紹介したいときは、カード機能がおすすめです。ほかの動画や再生リスト以外に、チャンネル、外部サイトもカードを使って紹介することができます。

1 カードとは

「カード」とは、動画の中に関連するURLを画面上に表示させる機能で、再生画面右上のカードをクリックするとカードの内容が表示されます。カードはおもにほかの動画や再生リスト、チャンネル、Webサイトなどに誘導したいときに利用します。カードを表示するタイミングは自由に設定できるため、動画内で触れた内容に関連するように表示させるのが効果的です。YouTubeパートナープログラム（Sec.65参照）に参加している場合、リンクカードを使ってYouTubeのポリシー（コミュニティガイドラインと利用規約を含む）に準拠しているどの外部Webサイトにもリンクさせることができます。また、動画にカードを追加していれば、YouTubeアナリティクスからカードに対するパフォーマンスを確認することも可能です。

2 カードを設定する

1 「動画の詳細」画面を開く

YouTube Studioで＜コンテンツ＞をクリックし①、カードを設定したい動画の✏（詳細）をクリックします②。

2 <カード>をクリックする

<カード>をクリックします**1**。

3 カードの種類を選択する

カードの種類（ここでは<動画>）をクリックします**1**。

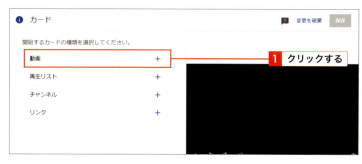

4 追加する動画を選択する

カードに追加したい動画をクリックして選択します**1**。

5 カードの詳細を設定する

「カスタムメッセージ」や「ティーザーテキスト」を入力し**1**、タイムライン上の青いスライダーをドラッグしてカードを表示するタイミングを指定したら**2**、<保存>をクリックします**3**。

> **Key Word　カスタムメッセージ/ティーザーテキスト**
>
> 「カスタムメッセージ」はカード展開時に表示されるメッセージ（P.164右図参照）、「ティーザーテキスト」はカード省略時に表示されるテキストです（P.164左図参照）。

Section 60　カードを設定して関連性の高い動画を見てもらおう

第9章　投稿した動画をもっと見てもらおう

Section | 第9章：投稿した動画をもっと見てもらおう

61 終了画面を設定してチャンネル登録を促そう

覚えておきたいキーワード
終了画面
チャンネル登録
再生リスト

最後まで動画を見てくれた視聴者に対して、チャンネル登録などのアクションを促してみましょう。YouTubeでは、チャンネル登録ボタンや関連した動画へのリンクなどを動画の終了画面に設定するのが一般的です。

1 終了画面とは

「終了画面」とは、YouTube動画の最後に5〜20秒ほどの尺で表示される画面です。現在の動画と関連するほかの動画に誘導したり、チャンネル登録を促したりする目的で利用されます。終了画面には「動画」「再生リスト」「チャンネル登録」「チャンネル」「Webサイト」の中から最大4つの要素を入れることができますが、視聴者を迷わせないためにも必要な要素だけに絞るのがおすすめです。なお、カード（Sec.60参照）と同様、外部Webサイトを追加する場合はYouTubeパートナープログラム（Sec.65参照）に参加している必要があります。

Memo 終了画面に追加できる要素

終了画面に追加できる要素は次の通りです。
・動画（最新のアップロード動画、視聴者に適した動画の自動表示、特定の動画）
・再生リスト
・登録（自分のチャンネル）
・チャンネル（特定のチャンネル）
・Webサイト（YouTubeのポリシーに準拠したサイト）

2 終了画面を設定する

1 「動画の詳細」画面を開く

YouTube Studioで＜コンテンツ＞をクリックし**1**、終了画面を設定したい動画の🖉（詳細）をクリックします**2**。

2 ＜終了画面＞をクリックする

＜終了画面＞をクリックします 1 。

3 要素を選択する

＜要素＞をクリックし 1 、任意の要素（ここでは＜再生リスト＞）をクリックします 2 。

> **Hint　テンプレートを利用する**
>
> 画面左に表示されているレイアウトは、YouTubeが用意している終了画面のテンプレートです。好みのレイアウトをクリックして選択することで、手軽に終了画面を作成できます。複数の要素を表示させる場合、タイムラインのバーまたはプレビューウィンドウの要素を1つずつクリックして内容を設定しましょう。

4 再生リストを選択する

終了画面に追加したい再生リストをクリックして選択します 1 。再生リストの作成についてはSec.63を参照してください。

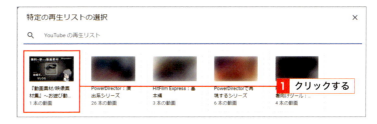

5 終了画面の詳細を設定する

タイムライン上の青いバーをドラッグして終了画面を表示するタイミングや表示時間を調整し 1 、＜保存＞をクリックします 2 。

> **Memo　表示要素を調整する**
>
> プレビューウィンドウに表示されている要素をドラッグして、大きさと位置を調整することができます。

Section 62

第9章 : 投稿した動画をもっと見てもらおう

評価やコメントの設定をしよう

覚えておきたいキーワード
\# 高評価
\# 低評価
\# コメント

視聴者がYouTubeの動画に対して行う評価やコメントの設定をしましょう。デフォルトでは評価やコメントが表示される設定になっていますが、それらが不要な動画の場合は非表示にすることができます。

1 評価の表示／非表示を設定する

YouTube動画の最大の特徴は、視聴したユーザーが「高評価」「低評価」のボタンをクリックすることで誰でも評価をすることができるところです。デフォルトではそれぞれの評価をされた高評価数・低評価数が公開されますが、非表示にすることも可能です。なお、評価数を非表示にしても評価ボタン自体は機能するため、チャンネル運営者のみ評価数を確認することが可能です。

1 「動画の詳細」画面を開く

YouTube Studioで＜コンテンツ＞をクリックし 1 、設定を行いたい動画の ✏ (詳細) をクリックします 2 。

2 評価を非表示にする

画面下部の＜すべて表示＞をクリックし、展開した画面最下部にある「コメントと評価」から「この動画を高く評価または低く評価した視聴者の数を表示する」のチェックを外して 1 、＜保存＞をクリックします 2 。

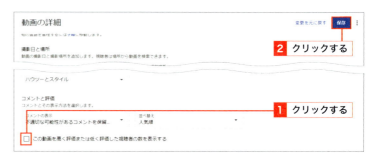

📝 Memo 低評価が気になる人へ

YouTubeでは、高評価と低評価が匿名で手軽に行えるという特徴があります。そのため投稿者によっては評価の数が気になることもあるかもしれません。一般的にどんなにクオリティの高い動画であっても、再生回数が増えるほど一定数の低評価は付くものなので、数に関していえばそこまで気にしなくても大丈夫です。ただし、高評価と低評価の割合が50／50やそれに近い数字になる場合には、注意が必要です。低評価の割合が1〜2割以下であればとくに問題ありませんが、5割に近い数字（またはそれ以上）になると世間との感覚がずれた動画になっている可能性が高いです。そういった場合、タイトルと動画内容が合っているか、発信内容が見る人に不快感を与えていないかなどを改めて見直してみてください。

2 コメントの投稿の許可を設定する

YouTubeの動画では、評価と同様に誰でも気軽にコメントができるコメント欄が表示されているのが一般的です。しかし、コメントが不要な動画である場合には、コメントを許可しない設定にすることもできます。コメントをオフに設定した動画では誰もコメントが残せなくなるため、コメントをチェックしたり返信したりする必要がなくなりますが、視聴者とのコミュニケーションが取れないということに注意が必要です。

1 「動画の詳細」画面を開く

YouTube Studioで＜コンテンツ＞をクリックし①、設定を行いたい動画の ✏ (詳細)をクリックします②。

2 ＜コメントの表示＞をクリックする

画面下部の＜すべて表示＞をクリックし、展開した画面最下部にある「コメントと評価」から＜コメントの表示＞の項目をクリックします①。

3 コメントを無効にする

任意のコメントの設定（ここでは＜コメントを無効にする＞）をクリックして選択し①、＜保存＞をクリックします②。

> **Memo 保留になったコメント**
>
> 手順3の画面で「不適切な可能性があるコメントを保留にして確認する」「すべてのコメントを保留にして確認する」を選択した場合、「保留」になったコメントはデフォルトで非表示になります。保留になったコメントは、「動画の詳細」画面で左側のメニューから＜コメント＞をクリックし、＜確認のために保留中＞をクリックすると内容を確認できます。確認したコメントは、個別に公開・非公開を指定しましょう。

第9章: 投稿した動画をもっと見てもらおう

Section

63 投稿した動画を再生リストにまとめて見やすくしよう

覚えておきたいキーワード
再生リスト
シリーズ別
カテゴリー別

投稿した動画をシリーズ別、カテゴリー別で順番に見てほしい場合は、再生リストを作成します。適切に再生リストを作っておくことで投稿した動画が快適に視聴できるようになり、視聴者のユーザビリティにつながります。

1 再生リストを作成する

1 「動画の詳細」画面を開く

YouTube Studioで＜コンテンツ＞をクリックし1、再生リストに加えたい動画の✏️（詳細）をクリックします2。

2 ＜新しい再生リスト＞をクリックする

「再生リスト」の＜選択＞をクリックし、＜新しい再生リスト＞をクリックします1。

3 再生リストを作成する

「タイトル」に任意の再生リスト名を入力し1、「公開設定」を「公開」に設定したら2、＜作成＞をクリックします3。

4 再生リストを保存する

＜完了＞をクリックし 1、画面右上の＜保存＞をクリックします。

2 複数の動画をまとめて再生リストに追加する

1 再生リストの編集画面を開く

P.170手順 1 ～ 4 を参考にあらかじめ再生リストを作成し、YouTube Studioで＜再生リスト＞をクリックして 1、編集したい再生リストの ✏ （YouTubeで編集します）をクリックします 2。

2 ＜動画を追加する＞をクリックする

…をクリックし 1、＜動画を追加する＞をクリックします 2。

> **Memo 再生リストを削除する**
>
> ＜再生リストを削除＞をクリックすると、再生リストを削除できます。再生リストに追加されていた動画そのものは削除されません。

3 動画を追加する

＜あなたのYouTube動画＞をクリックし 1、再生リストに追加したい動画をクリックして 2、＜動画を追加＞をクリックします 3。

> **Memo 再生リストから動画を外す**
>
> 手順 2 の画面で任意の動画の ⋮ をクリックし、＜（再生リスト名）から削除＞をクリックすると、再生リストから外すことができます。
>
>

Section **64** 第9章：投稿した動画をもっと見てもらおう

投稿した動画を削除しよう

覚えておきたいキーワード
削除
非表示
非公開

投稿した動画を削除したい場合は、YouTube Studioから完全に削除できます。一度削除したデータはもとには戻せません。動画を一時的に非公開にしたい場合は、公開設定を「非公開」に変更しましょう（Sec.59参照）。

1 動画を削除する

1 動画のオプションを開く

YouTube Studioで＜コンテンツ＞をクリックし**1**、削除したい動画の：（オプション）をクリックします**2**。

2 ＜完全に削除＞をクリックする

表示されたメニューから＜完全に削除＞をクリックします**1**。

3 動画を削除する

＜動画は完全に削除され、復元できなくなることを理解しています＞にチェックを付け**1**、＜完全に削除＞をクリックすると**2**、動画が削除されます。

Step up 動画をダウンロードする

＜動画をダウンロード＞をクリックすると、YouTube Studioで編集した内容が反映された動画データをダウンロードできます。

第 10 章

YouTubeに
投稿した動画で稼ごう

Section 65　収益化のしくみを知ろう

Section 66　収益を得るまでの流れを知ろう

Section 67　設定できる広告の種類を知ろう

Section 68　収益化の設定をしよう

Section 69　動画ごとに広告を設定しよう

Section 70　チャンネルのパフォーマンスを把握しよう

Section 71　動画の収益を確認しよう

Section 65

第10章：YouTubeに投稿した動画で稼ごう

収益化のしくみを知ろう

覚えておきたいキーワード
YouTubeパートナープログラム
広告収入
収益化

YouTube上での収益化として代表的なものは、「YouTubeパートナープログラム」に参加することで得られる広告収入です。投稿した動画に広告を付けて収益化を行うしくみや条件について確認しておきましょう。

1 収益化とは

YouTubeでは、クリエイターが作成・用意したコンテンツを使って対価（収益）を得ることができます。「YouTubeパートナープログラム」に参加すればいくつかの方法で動画を収益化できますが、このプログラムに参加するには一定の条件を満たす必要があります。

▶ 広告収入（YouTube AdSense）

投稿した動画に広告を掲載することで支払われる収入です。広告形態にはいくつかの種類があります（Sec.67参照）。

▶ チャンネルメンバーシップ

視聴者が月額料金を支払うことで、限定動画の視聴、バッジや絵文字、そのほかのアイテムの利用などといった特典を得られる制度です。

▶ スーパーチャット

ライブ配信動画やプレミア公開動画の配信中に、視聴者が配信者に対して一定の金額（100円〜50,000円）を自由に送ることができる「投げ銭」機能です。

▶ スーパーサンクス

視聴者が投稿者に対して一定の金額（200円〜5,000円）を送って応援できる機能です。ライブ配信やプレミア公開ではない通常で利用されます。

2 収益化の条件

YouTubeで広告による収益を得るには、「YouTubeパートナープログラム」に参加する必要があります。しかし、このプログラムは誰でも参加できるわけではなく、YouTubeが提示する6つの利用資格を満たしている必要があります。以下は、2021年11月時点の参加条件です。

❶	YouTube収益化ポリシーの遵守	コミュニティガイドライン、利用規約、著作権、Google AdSenseプログラムポリシーなどのチャンネル収益化ポリシーを遵守している必要があります。 参考：YouTubeのチャンネル収益化ポリシー（https://support.google.com/youtube/answer/1311392）
❷	パートナープログラム対象国・地域に在住	YouTubeパートナープログラムを利用可能な国や地域（日本は対象国）に居住している必要があります。日本以外の国や地域に居住している場合は確認が必要です。
❸	コミュニティガイドラインの違反警告がない	すべてのユーザーがYouTubeを楽しく利用できるように定められたコミュニティガイドラインの違反がないことが条件です。 参考：YouTube　コミュニティガイドライン（https://support.google.com/youtube/answer/9288567）
❹	総再生時間4,000時間以上	公開されている動画の総再生時間が直近の12か月間で4,000時間以上視聴されている必要があります。
❺	チャンネル登録者数1,000人以上	収益化したいチャンネルのチャンネル登録者数が1,000人以上である必要があります。
❻	Google AdSenseアカウント所持	広告収益の受け取りに必要なGoogle AdSenseアカウントとYouTubeアカウント（Googleアカウント）を紐付けている必要があります。なお、Google AdSenseアカウントの取得には審査があるため、収益化を見据えるなら早めに手続きしておきましょう。

3 収益化のしくみ

収益化を有効にすると、動画の広告掲載による収益分配を受けられるようになります。広告収益（収益分配）のしくみとしては、まず広告主（スポンサー）がYouTubeの運営元であるGoogleに広告出稿を依頼します。そしてGoogleがYouTubeに投稿された動画に広告を掲載し、その広告費の中から動画投稿者に掲載料が分配されます。広告の再生単価は公表されていませんが、基本的には購買意欲の高い視聴者層になるほど高くなるといわれています。また、YouTubeの広告形態には、広告のクリック数に応じて収益が発生するものと動画の再生数に応じて収益が発生するものがあります（Sec.67参照）。

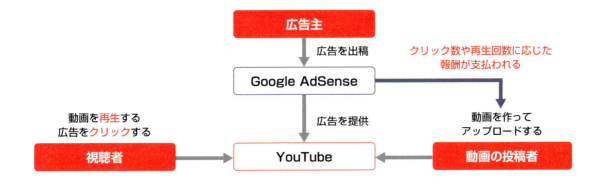

Section 66

第10章：YouTubeに投稿した動画で稼ごう

収益を得るまでの流れを知ろう

覚えておきたいキーワード
YouTubeパートナープログラム
Google AdSense
収益化

動画コンテンツを収益化するためにはYouTubeパートナープログラムへ参加する必要があります。ここからは、YouTubeパートナープログラムの参加条件を満たしたあとの収益化までの流れを確認しましょう。

1 収益を得るまでの流れ

収益化の条件（P.175参照）を満たすことができたら、YouTubeパートナープログラムに参加して収益化を有効にしましょう。YouTubeは収益をGoogle AdSense経由で受け取るしくみになっているため、YouTubeアカウント（Googleアカウント）をGoogle AdSenseに紐付ける（YouTubeパートナープログラムに申し込む）必要があります。

▶ Google AdSense とは

「Google AdSense」は、Googleが提供している広告配信サービスです。運営しているWebサービスやYouTubeの動画コンテンツに掲載された広告をクリックされることで収益が得られるしくみになっています。表示される広告はユーザーによって異なり、そのユーザーがよく検索しているキーワードや閲覧しているWebサイトに合わせて最適な広告を表示してくれるため、クリックされる可能性が高い収益方法の1つです。Google AdSenseを利用するには、Googleによる厳正な審査があり、審査基準は厳しいといわれています。YouTubeでGoogle AdSenseを利用する場合は、プログラムポリシーを必ず順守する必要があります。

https://www.google.co.jp/adsense/start/

2 YouTubeパートナープログラムに申し込む

1 規約に同意する

P.140を参考にYouTube Studioを表示し、＜収益受け取り＞→＜申し込む＞の順にクリックします。＜開始＞をクリックし、＜規約に同意する＞をクリックします**1**。

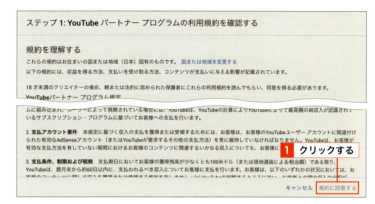

2 申し込みを開始する

「Google AdSenseに申し込む」の＜開始＞をクリックします**1**。

3 ＜関連付けを承認＞をクリックする

AdSenseアカウントとチャンネルを接続し、＜関連付けを承認＞をクリックすると**1**、チャンネルが審査待ちの状態になります。

> **Memo チャンネルは複数紐付けできる**
>
> チャンネルは複数紐付けできるため、サブチャンネルなどがある場合はそちらもリンクしておきましょう。

> **Memo 条件を満たしたときに通知を受け取る**
>
> YouTube Studioには、YouTubeパートナープログラムの参加条件を満たしたらメールで知らせてくれる通知機能があります。YouTube Studioから＜収益受け取り＞を選択し、＜参加条件を満たしたら通知する＞をクリックしておくと、チャンネル登録者数と総再生時間が収益化の条件を満たした時点でメールで通知してくれるようになります。

Section | 第10章：YouTubeに投稿した動画で稼ごう

67 設定できる広告の種類を知ろう

覚えておきたいキーワード
広告の種類
メリットとデメリット
収益化

YouTubeで収益化の対象になったチャンネルでは、「オーバーレイ広告」「ディスプレイ広告」「スキップ可能／不可なインストリーム広告」「バンパー広告」の5種類から動画に付ける広告を設定できるようになります。

1 YouTube広告の種類

▶ オーバーレイ広告

オーバーレイ広告はパソコンの再生画面下部20％に表示される画像またはテキスト広告です。パソコンのYouTube画面のみに表示され、スマートフォンのYouTube画面には表示されません。広告がクリックされるごとに収益が発生しますが、これは投稿者ではコントロールのできない部分になります。そのため、オーバーレイ広告を入れたい場合は、できるだけ画面下部にテロップなどの情報を入れないようにして視聴者のユーザビリティを損なわないように配慮しましょう。

メリット	・再生画面下部という目立つ位置に表示されるため、視聴者の目に留まりやすい ・視聴者の意思で非表示にできるため、動画内のテロップと重なったりしない限りは反感が比較的少ない
デメリット	・スマートフォンのYouTube画面には表示されない ・Webブラウザ側の広告ブロックのアドオンで排除される可能性がある

▶ ディスプレイ広告

ディスプレイ広告は、パソコンのYouTube画面右側（関連動画一覧）の上部に表示される広告です。パソコンのYouTube画面のみに表示され、スマートフォンのYouTube画面には表示されません。
ディスプレイ広告はクリックされることで収益が発生します。視聴者の検索結果や動画内容によって表示される広告が変わるため、投稿者がコントロールできる部分ではありません。ディスプレイ広告は、収益化を有効にするとデフォルトで有効になります。複数の広告と併用するのがおすすめです。

メリット	・動画視聴を邪魔しないので視聴者の反感が少ない ・関連動画を連続視聴する際に目に触れやすい
デメリット	・スマートフォンのYouTube画面には表示されない ・広告ブロックのアドオンで排除される可能性がある ・ユーザーが興味／関心のない広告はクリックされにくい ・広告の内容が選べない

▶ インストリーム広告／バンパー広告

インストリーム広告は、動画の最初や最後、もしくは動画の途中で挿入される動画広告です。動画広告には、5秒間待つとスキップが可能な「スキップ可能な動画広告」、スキップができない「スキップ不可の動画広告」、最長6秒間のスキップ不可の「バンパー広告」の3種類があります。広告挿入のタイミングは、投稿者が任意で設定できます。スキップ可能な動画広告であれば、30秒以上再生された場合、30秒以下の動画広告の場合は最後まで視聴された場合、もしくは動画がクリックされた場合に収入が発生します。

インストリーム広告は視聴者の動画視聴を中断させるため、離脱されない工夫が必要です。たとえば動画の前や動画のあと、適切なシーンの切り替えタイミングで表示するように設定するなどです。また、ライブ放送のアーカイブなどの場合でも、配信者が広告の配信回数やタイミングなどを設定・管理を行うことができます。

メリット	・強制的に動画広告が表示されるため、もっとも視聴されやすい ・スキップ不可の動画広告では確実に広告収入が発生する ・すべてのデバイスで表示される ・表示するタイミングを任意で設定できる
デメリット	・頻繁に挿入すると途中で離脱されやすく、反感を持たれやすい

📝 Memo スポンサーカード

スポンサーカードには、動画に登場する商品など、動画に関連するコンテンツを載せることができます。再生画面にカードが数秒間表示されるのが大きな特徴です。視聴者は動画右上に表示されるアイコンをクリックしてカードを閲覧することもできます。

Section 68

第10章：YouTubeに投稿した動画で稼ごう

収益化の設定をしよう

覚えておきたいキーワード
\# YouTube Studio
\# 収益化
\# デフォルト設定

YouTubeパートナープログラムに参加できたら、動画の収益化を設定しましょう。YouTube Studioの「収益化の設定」から、今までに投稿したすべての動画と以降に投稿する動画に対して一律にデフォルト設定できます。

1 すべての動画に収益化を設定する

1 ＜設定＞をクリックする

YouTube Studioを表示し、＜設定＞をクリックします1。

2 ＜アップロード動画のデフォルト設定＞をクリックする

＜アップロード動画のデフォルト設定＞をクリックし1、＜収益化＞をクリックします2。

3 広告のフォーマットを選択する

設定したい広告のフォーマット（広告の種類、動画広告の配置）にチェックを付け1、＜保存＞をクリックします2。

Memo 収益化を個別に設定する

この手順では、収益化対象のすべての動画に広告が付けられます。動画ごとに広告のフォーマットの種類などを個別に設定する場合は、Sec.69を参照してください。

Section 69

第10章：YouTubeに投稿した動画で稼ごう

動画ごとに広告を設定しよう

覚えておきたいキーワード
YouTube Studio
個別設定
収益受け取り

広告を手動で個別設定したい場合は、YouTube Studioの各動画の「収益受け取り」から変更できます。一律で設定したあと、ユーザビリティが損なわれそうな動画に対しては個別設定するのがおすすめです。

1 動画ごとに収益化を設定する

1 ＜収益受け取り＞をクリックする

YouTube Studioを表示し、＜コンテンツ＞をクリックして❶、広告を設定したい動画の$（収益受け取り）をクリックします❷。

2 広告のフォーマットを選択する

設定したい広告のフォーマット（広告の種類、動画広告の配置）にチェックを付け❶、＜保存＞をクリックします❷。

Memo 動画ごとに収益化をオフにする

動画ごとに収益化をオフにするには、手順2の画面で「収益化」を「オフ」に変更します。

Section 第10章 : YouTubeに投稿した動画で稼ごう

70 チャンネルのパフォーマンスを把握しよう

覚えておきたいキーワード
チャンネルアナリティクス
動画アナリティクス
分析ツール

投稿した動画のパフォーマンスを確認するには、動画分析ツールの「アナリティクス」を使用します。視聴者の反応をデータとして確認することで、今後の動画制作やチャンネル運営を改善するヒントを得ることができます。

1 チャンネルや動画のパフォーマンスを確認する

チャンネルや動画のパフォーマンスを分析するには、「YouTubeアナリティクス」という動画解析ツールを使用します。どの動画がよく見られているかなどのリアルタイムで更新される情報を把握しておくことで、動画制作の改善やチャンネル運営に役立たせることができます。このツールは、YouTubeアカウント（Googleアカウント）を持っていれば無料で利用可能です。定期的にチェックするようにしましょう。

▶ チャンネルアナリティクス

どの動画がいちばん見られているかなどの主要な指針を、グラフや数値のデータで把握できます。

▶ 動画アナリティクス

個別の動画における詳細なデータを参照できます。よく見られている動画やそうではない動画などのデータを参照し、視聴者がどのような動画を求めているのかを分析するのに使用します。

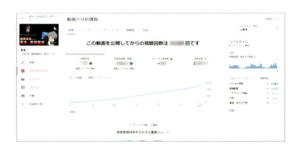

📝 **Memo** YouTubeアナリティクスを表示する

YouTubeアナリティクスは、YouTube Studioで＜アナリティクス＞をクリックすると表示されます。アナリティクス画面上部の「概要」「リーチ」「エンゲージメント」「視聴者」「収益」のタブや、「詳細モード」画面の「動画」「トラフィックソース」「地域」「視聴者の年齢」「視聴者の性別」「日付」「収益源」「チャンネル登録状況」「チャンネル登録元」「再生リスト」「デバイスのタイプ」「広告タイプ」「その他」のタブからデータを確認できます。

2 チャンネルアナリティクスの項目

YouTubeアナリティクスで確認できる項目は、「概要」「リーチ」「エンゲージメント」「視聴者」「収益」の5つに分類されています。各項目をクリックすることで、該当の項目が表示されます。各項目の内容について確認しましょう。

▶ 概要

「視聴回数」「総再生時間」「チャンネル登録者」「推定収益」など、チャンネル全体のパフォーマンス情報が表示されます。また、「人気動画」「リアルタイム統計」「最新動画」などのパフォーマンスも確認できます。

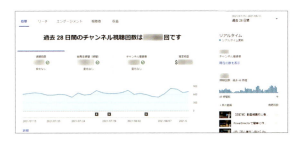

▶ リーチ

動画サムネイルの表示回数（インプレッション）およびインプレッションのクリック率などの視聴者が動画に到達したデータが表示されます。また、「トラフィックソース（視聴者がどのように動画を見つけたか）の種類」「上位の外部ソース（どのWebページから来たか）」「インプレッションと総再生時間の関係」「上位のYouTube検索キーワード」などのデータも確認できます。

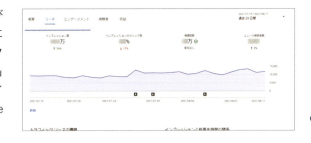

▶ エンゲージメント

「総再生時間」「平均視聴時間」「人気の動画」「終了画面で人気の動画」などの、動画の視聴状況に関する情報が表示されます。

▶ 視聴者

視聴者に関する詳細情報が表示されます。「リピーター」「ユニーク視聴者(推定ユーザー)数」「チャンネル登録者」や「視聴者がYouTubeにアクセスしている時間帯」などのデータが確認できます。

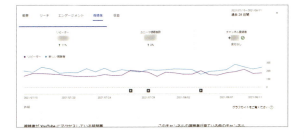

▶ 収益

YouTubeパートナープログラムに参加しているユーザーのみ表示される項目です。「月別の推定収益」「収益額が上位の動画」「収益の内訳」「広告の種類」「トランザクション収益」など、動画の収益額に関するデータが確認可能です。

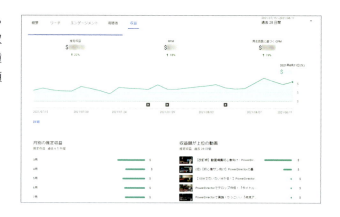

3 アナリティクスレポートの種類（詳細モード）

YouTubeアナリティクス画面右上にある＜詳細モード＞をクリックして「詳細モード」に切り替えると、「動画」「地域」「視聴者の性別」などの細かいパフォーマンスデータが確認できます。ここでは主要な項目について解説します。

▶ 動画

投稿した動画やライブ配信の視聴回数などが確認できます。

▶ トラフィックソース

視聴者がどのように動画を見つけたか（流入経路）が確認できます。

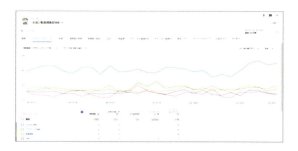

▶ 地域

動画の視聴者がどの国や地域からアクセスしているのかを確認できます。

▶ 視聴者の年齢

動画視聴者の年齢層のデータが確認できます。

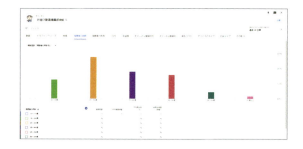

▶ 視聴者の性別

動画視聴者の性別のデータが確認できます。

▶ デバイスのタイプ

視聴者が動画を視聴する際に使用したデバイスが確認できます。

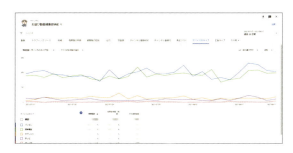

▶ 日付

視聴回数や総再生時間などを、指定した期間（1日・1週間・1ヶ月・1年単位）ごとの推移で確認できます。

▶ その他

OS、YouTubeサービス、終了画面、カードに関する情報が確認できます。

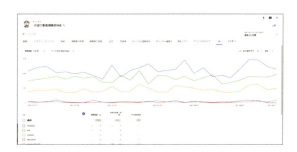

Step up 動画ごとのアナリティクスを確認する

アナリティクスは、動画単体のデータを確認することも可能です。YouTube Studioで＜コンテンツ＞をクリックし■、パフォーマンスを確認したい動画にマウスポインターを移動して、■（アナリティクス）をクリックすると■、データが表示されます。アナリティクスの項目はチャンネルアナリティクスと同様に、「概要」「リーチ」「エンゲージメント」「視聴者」「収益」の5つの項目 に分かれています。これらの各項目名をクリックすることで各パフォーマンス情報が確認できます。

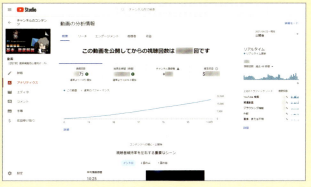

第10章：YouTubeに投稿した動画で稼ごう

Section 71

動画の収益を確認しよう

覚えておきたいキーワード
Google AdSense
推定収益額
銀行口座登録

収益が発生すると、YouTube Studioで推定の収益額を確認することができます。また、実際に収益を受け取るための銀行口座をGoogle AdSenseで設定する方法を確認しておきましょう。

1 収益を確認する

YouTubeの広告収益は、YouTube Studioの「アナリティクス」から確認できます。ただし、YouTube上ではあくまでも推定額しか確認できないという点にご注意ください。確定した収益額は、Google AdSense（https://www.google.co.jp/adsense/start/）にログインしたあとの「お支払い」い表示されます。なお、推定額と確定額には差異が生じる場合があります。

▶ 推定収益額を確認する

1 ＜アナリティクス＞をクリックする

YouTube Studioを表示し、＜アナリティクス＞をクリックします❶。

2 ＜収益＞をクリックする

画面上部の＜収益＞をクリックすると❶、月別の推定収益レポートが表示されます。

2 Google AdSenseに銀行口座を登録する

YouTubeで得た広告収入の支払いを受け取るには、Google AdSenseに支払い方法を登録する必要があります。支払い方法は5種類用意されていますが、日本では銀行口座振込が一般的です。
広告収入が基準額となる1,000円以上に達すると支払い方法を登録できるようになるので、Google AdSenseで収益を受け取るための銀行口座情報を登録しましょう。なお、支払い方法を登録しても8,000円以上の収益がないと振り込み対象にならないため、実際に振り込まれるのは8,000円以上の収益が出たタイミングとなります。

1 ＜お支払い方法の管理＞をクリックする

Google AdSense（https://www.google.co.jp/adsense/start/）にログインします。≡をクリックし①、＜お支払い＞をクリックして②、＜お支払い方法の管理＞をクリックします③。

2 ＜お支払い方法を追加＞をクリックする

＜お支払い方法を追加＞をクリックします①。

3 銀行口座情報を登録する

銀行口座情報を入力し①、＜保存＞をクリックします②。

Memo メインの支払い方法を設定する

支払い方法を複数登録する場合、メインの支払い方法に設定したい情報の登録画面で「メインのお支払い方法に設定」にチェックを付けます。すでに登録済みの支払い方法をメインにしたい場合は、手順2の画面で登録済みの支払い方法の＜編集＞をクリックして設定します。

付録 PowerDirectorの製品版と体験版について

1 PowerDirectorの種類

本書の解説で使用している動画編集ソフト「PowerDirector」には、有料の製品版と無料の体験版（PowerDirector Essential）があり、それぞれ利用できる機能やテンプレートなどが異なります。P.29でも解説した通り、PowerDirectorは値段別でパッケージのグレードが分かれており、価格が高いグレードの製品ほど利用できる機能が多くなります。また、通常版とは別にサブスクリプション版も用意されています。公式ページでは各製品の内容が細かく紹介されているので、どの製品を利用するか悩んでいる方は参考にしてみてください。なお、体験版でも製品版に備わっている「プレミアムコンテンツ」を含むほとんどの機能を利用できます。ただし、編集して出力した動画に透かしロゴが入る、テンプレートやエフェクトの数が少ない、などの制限があります。

▶ 製品版

PowerDirector 365
https://bit.ly/3ipBlyr

	通常版			サブスクリプション版	
製品名	PowerDirector Ultra	PowerDirector Ultimate	PowerDirector Ultimate Suite	PowerDirector 365	Director Suite 365
価格	12,980円	16,980円	20,980円	517円／月〜	998円／月〜
製品内容	動画編集ソフト（通常版）	動画編集ソフト（Web限定版）	動画＋音声＋色編集ソフト	動画編集ソフト＋プレミアムコンテンツ	最上位クリエイティブスイート＋プレミアムコンテンツ

https://jp.cyberlink.com/products/powerdirector-video-editing-software/comparison_ja_JP.html

▶ 体験版

PowerDirector Essential
https://bit.ly/3oo24EI

体験版の制限事項
・出力した動画に透かしロゴが表示される
・テンプレートやエフェクトの数が制限される
・DVDなどのディスク書き込みは1か月間のみ可能
・H.265などのCyberLink社以外のロイヤリティーなども1か月間のみ可能
・4K非対応
など

📝 Memo　モバイル版 PowerDirector

PowerDirectorはパソコン版だけでなく、モバイル版も用意されています。8,500万件以上ダウンロードされている人気アプリで、直感的な操作で手軽に動画編集が行えます。スマートフォンで撮影した動画をすぐに編集したいときに便利です。右のQRコードからダウンロードページにアクセスできます。

● iOS版

https://apple.co/3iIjuOy

● Android版

https://bit.ly/3oo8ELM

📝 Memo　YouTubeチャンネル「PowerDirector Japan - 動画編集」

CyberLinkでは、YouTubeチャンネル「PowerDirector Japan - 動画編集」にて、PowerDirectorを利用するクリエイター向けの動画を配信しています。このチャンネルでは、PowerDirectorを使った動画編集の例、動画編集のプロフェッショナルによるオンラインセミナー、最新情報など、さまざまなコンテンツが配信されているので、定期的に更新をチェックするのがおすすめです。

https://www.youtube.com/c/PowerDirectorJapanofficial

索引

英字

BGMの開始時間を設定	112
BGMを追加（PowerDirector）	110
BGMを追加（YouTube Studio）	150
CyberLink	32
Google AdSense	176, 187
Googleアカウント	130
PiPデザイナー	88
PowerDirector	29, 32, 188
PowerDirector Essential	32, 34, 189
PowerDirectorで利用できる素材	40
PowerDirectorの画面	36
PowerDirectorの起動	36
PowerDirectorの体験版	32, 34, 189
YouTube	10
YouTube Studio	140
YouTube Studioで編集	146
YouTubeアナリティクス	182
YouTube広告の種類	178
YouTube動画のしくみ	10
YouTube動画の特徴	10
YouTubeにログイン	131
YouTubeのアカウント	130
YouTubeの画面	132
YouTubeパートナープログラム	177

ア行

アカウントの切り替え	135
アカウントの認証	138
明るさ	106
アクションカメラセンター	104
イーズイン	79
エフェクトトラック	51
エフェクトルーム	101
オーディオクリップ	110
オーディオクリップを移動	113
オーディオクリップをトリミング	116
オーディオクリップを配置	112

オーディオ

オーディオダッキング	123
オーディオトラック	51
音声ミキシングルーム	120
音量を調整	120

カ行

カード	164
画質	129, 144
カラーマッチ	108
キーフレーム	78
切り替え効果	96
銀行口座を登録	187
クリップ	50
クロスフェード	126
効果音を追加	115
コミュニティガイドライン	26, 175
コメント	169

サ行

再生リスト	170
撮影の機材	16
撮影の基本	18
撮影のポイント	21, 24
字幕（PowerDirector）	82, 86
字幕（YouTube Studio）	154
字幕トラック	51
字幕ルーム	83
シャドウファイル	43
収益化のしくみ	174
収益化の条件	175
収益化の設定	180, 181
収益化の流れ	176
収益を確認	186
終了画面	166
静止画を配置	90

タ行

タイトル	64